Lukas Tobler

Unsichtbare Barrieren
was Frauen in Führungspositionen wirklich ausgebremst

Lukas Tobler

Unsichtbare Barrieren

was Frauen in Führungspositionen
wirklich ausgebremst

Rediroma-Verlag

Bibliografische Information der Deutschen Nationalbibliothek:
Die Deutsche Nationalbibliothek verzeichnet diese Publikation in der Deutschen Nationalbibliografie; detaillierte bibliografische Daten sind im Internet über http://portal.dnb.de abrufbar.

ISBN 978-3-98885-335-6

www.rediroma-verlag.de
19,90 Euro (D)

Dieses Buch widme ich allen großartigen Frauen in Führungspositionen und denen, die danach streben.

Inhaltsverzeichnis

Kapitel 1

Führungsfrauen - Unausgeschöpftes Potenzial

Im Flaschenhals

Als ich das zum ersten Mal hörte, war ich ziemlich sprachlos: „Ich möchte mich zur Führungskraft entwickeln, erfülle nachweislich alle Voraussetzungen, aber ich werde dabei nicht unterstützt." Als Coach für weibliche Führungskräfte beobachte ich zwei unterschiedliche Trends, die dir wahrscheinlich bekannt sind: Zum einen gibt es ambitionierte Frauen, die in Führungspositionen aufsteigen möchten, aber nicht ausreichend unterstützt werden. Den Kontrast dazu bilden herausragende Frauen, denen Entwicklungsmöglichkeiten geboten werden, die jedoch nicht aktiv darauf zugehen, selbst wenn sie den inneren Wunsch verspüren, neue Herausforderungen anzunehmen.

Vielleicht hast du dich auch schon einmal gefragt: „Wie kann ich mich als weibliche Führungskraft entwickeln, wenn ich nicht die nötige Unterstützung erhalte? Warum werden mir Steine in den Weg gelegt, anstatt Türen geöffnet?" Oder vielleicht bist du schon seit einigen Jahren in einer Führungsrolle und möchtest weiterkommen, aber du steckst in einem Flaschenhals fest. Es spielt keine Rolle, ob du dich entwickeln möchtest und keine Unterstützung erhältst oder dir alle Entwicklungswege zu Füßen gelegt werden, du aber nicht den ersten Schritt wagst. Unter dem Strich leiden deine Ambitionen. Ambitionen spiegeln deinen inneren Antrieb wider, dein volles Potenzial als Frau zu entfalten und deine persönlichen Träume sowie dich selbst mit hingebungsvoller Energie zu verwirklichen.

Obwohl ich Frauen nicht als Opfer sehe – im Gegenteil, Frauen müssen meiner Meinung nach die Stigmatisierung überwinden und erkennen, wie großartig sie sind –, finde ich es auffällig, wie oft das Argument „Frauen wollen keine Führungspositionen“ verwendet wird, um ihnen die Schuld zuzuschieben. Meine Gespräche mit ambitionierten Frauen zeigen eindeutig ein anderes Bild: Frauen wollen sich entwickeln, müssen aber auch angemessen gefördert und ermutigt werden.

Stattdessen wird aufgrund unternehmensinterner Strukturen und Anforderungen vielen weiblichen Führungskräften förmlich die Karotte vor die Nase gehalten. Nicht selten müssen sie trotz ihrer fachlichen Expertise und ihres Verlangens, eine Führungspersönlichkeit zu werden, über Jahre hinweg ausharren, während weniger geeignete Kandidaten an ihnen vorbeiziehen. Wenn sie dann im Talent-Pool landen, folgt häufig nur eine Unterstützung in Form eines unternehmensinternen Mentorings auf fachlicher Ebene, um sie in die Unternehmenskultur zu integrieren. Das reicht bei weitem nicht aus, um herausragende Führungskräfte zu entwickeln – denn Leadership beginnt immer mit der Selbstführung und einem gesunden Selbstbild, sprich der persönlichen Weiterentwicklung, die durch Mentoring allein nicht umfassend genug gefördert wird.

Um die geforderte Frauenquote dennoch zu erfüllen, wird in gewissen Branchen und Unternehmen zu noch dreisteren Mitteln gegriffen: Viele Frauen werden bis zur Teamleiterin befördert – eine Position, die bekanntlich zur Führungsebene zählt –, aber in den höheren

Etagen sind Frauen nur äußerst spärlich vertreten. Dazu kommt, dass sie oft mit sehr vielen operativen Aufgaben beschäftigt werden, während die Führungs- und Entscheiderrolle zu kurz kommt. Diese „Unternehmenspolitik“ nagt an dem ohnehin oft bereits angeschlagenen Selbstwertgefühl dieser Überfliegerinnen.

Bemerkenswerte Umstände

Für mich sind diese Umstände besonders bemerkenswert, da selbst Unternehmen, die die Entwicklung von neuen sowie erfahrenen weiblichen Führungskräften nicht ausreichend fördern, öffentlich betonen, dass mehr Frauen Führungspositionen übernehmen sollen. Natürlich gibt es Ausnahmen und eine Vielzahl von vorbildlichen Unternehmen, die es nicht nur bei der Diskussion belassen, sondern Frauen großartige Möglichkeiten für ihre berufliche Entwicklung bieten.

Vielleicht bist du auch der Ansicht, dass Unternehmensstrukturen und die Unternehmenskultur das Problem darstellen, und diese Vermutung scheint gerechtfertigt, basierend auf deinen eigenen Erfahrungen. Womöglich befindest du dich jedoch auch in einer Situation mit vielen Möglichkeiten, doch dir fehlt der Mut. So oder so empfindest du die Situation vielleicht wie Eva (Name geändert) als ziemlich festgefahren: „Ich bin in einer Pattsituation, und ich habe das Gefühl, dass meine Interessen und Bedürfnisse nicht ernstgenommen werden“, antwortete Eva, eine herausragende und ambitionierte Führungskraft, auf meine Frage, was sie aktuell davon abhält, beruflich die erwünschten Veränderungen zu bewirken. Evas Erfahrung ist keine Seltenheit. Oft äußern Betroffene, dass sie in einer Sackgasse stecken, die nicht nur durch unbewusste Vorurteile und Überzeugungen entsteht, sondern durch begrenzte Perspektiven und unzureichende Unterstützung und Förderung verstärkt wird. Interessanterweise unterscheidet sich die Pattsituation nicht von der Erfahrung, die zögerliche Frauen machen, die sich nicht trauen, ihre Ambitionen zu äußern und zu verfolgen. Denn das Ergebnis ist dasselbe: Sie wollen sich entwickeln, stoßen jedoch an einer gläsernen Decke an.

Unbewusster Nutzen

Es mag erstaunlich oder sogar anmaßend klingen, dass betroffene Frauen nicht nur unter dieser Situation leiden, sondern unbewusst von ihr profitieren. Viele ambitionierte Frauen erleben Ähnliches wie Eva. Oft hat sie das Gefühl, nicht gut genug zu sein, obwohl sie überdurchschnittlich viel leistet, und sie glaubt, dass sie deshalb nicht gefördert wird. Das Gefühl von Unzulänglichkeit wird umso schmerzhafter für sie, weil sie befürchtet, nicht gebraucht und somit ausgeschlossen zu werden. Eva fehlt das Vertrauen, und sie fürchtet, dass ihre Bemühungen zur Karriereentwicklung fehlschlagen könnten. Der Schmerz einer solchen Niederlage würde besonders tief sitzen, da sie, wie viele betroffene Führungsfrauen, ihn persönlich nehmen und sich als Versagerin fühlen würde. Um dieser Erfahrung zu entgehen, nimmt Eva lieber unbewusst den Schmerz der Stagnation in Kauf, anstatt eine Veränderung herbeizuführen. Tatsächlich kann sie aufgrund ihrer Ängste keine Lösung erkennen, schiebt dies jedoch auf äußere Umstände. Die erlebte Pattsituation, die sowohl mit fehlender Unterstützung und Entwicklungsmöglichkeiten als auch mit vorhandener Unterstützung und Entwicklungsmöglichkeiten einhergehen kann, dient also vielmehr dem Schutz vor noch mehr Leid.

Stell dir vor, du befindest dich in einem engen, finsteren Raum, in dem die Kälte dich bis auf die Knochen durchdringt. Du siehst einige verschlossene Türen, die du öffnen könntest, um den Raum zu verlassen, aber du befürchtest, dass du draußen lebensbedrohlichen Tieren begegnen könntest. So bleibst du lieber in dem einengenden Raum, denn obwohl er unangenehm ist, verbindest du mehr Sicherheit damit, dort zu bleiben, als ihn zu verlassen. Es ist eine Wahl zwischen zwei Übeln, und die Entscheidung fällt oft zugunsten des geringeren Übels – also dem Ertragen des Schmerzes der Stagnation. Doch dieses Kontingent ist irgendwann erschöpft, und eine innere Resignation breitet sich aus, weil die Betroffenen nicht länger enttäuscht werden wollen. In Wirklichkeit kommt diese Enttäuschung jedoch daher, dass sie dem inneren Verlangen, auszubrechen, nicht nachgehen.

Mit der stillen Resignation schwindet auch langsam der Glaube an berufliche Entwicklung und in vielen Fällen auch an das eigene Potenzial. Evas Worte spiegeln die Gefühle vieler Frauen in ähnlichen Situationen wider: „Wenn ich mich als Führungskraft nicht weiterentwickeln kann, dann würde ich mich unmotiviert fühlen. Ich würde wahrscheinlich immer noch einen guten Job machen, wäre aber zutiefst unerfüllt, weil mir das Gefühl fehlen würde, dass ich etwas bewege."

Das ist ein sehr hoher Preis, den keine Überfliegerin zahlen sollte. Tatsächlich geben nicht alle führungsambitionierten Frauen auf. Einige spielen ihre Ambitionen herunter, indem sie sich einreden, dass ihre aktuelle Situation auch ohne die Verwirklichung ihrer Herzenswünsche ganz gut ist oder sie sich damit abfinden müssen, dass ihnen keine Entwicklungsmöglichkeiten geboten werden. Oft äußert sich das dadurch, dass Betroffene ihre persönliche Entwicklung zurückstecken, wenn berufliche Türen verschlossen bleiben, anstatt erst recht durchzustarten. Sie tappen in die Falle, das berufliche Leben vom persönlichen zu trennen. Andere hingegen glauben, sie müssten sich und anderen beweisen, dass sie erfolgreich sein können, und geraten in einen Kampf, den sie nie gewinnen können.

Der verbissene Kampf in die Abwärtsspirale

Es schmerzt mich besonders, wenn ich beobachte, wie ambitionierte Frauen regelrecht um ihren beruflichen Aufstieg und ihre Weiterentwicklung kämpfen. Denn nur wenige werden diesen Kampf, wenngleich mit großen persönlichen Abstrichen, überstehen. Für die meisten Frauen nimmt er fatale Ausmaße an. Sie kämpfen verbissen darum, dasselbe Ansehen wie ihre männlichen Kollegen zu genießen, leisten mehr und arbeiten immer härter, um ja nicht als schwach oder nicht erfolgreich angesehen zu werden. Wenn ihre Pläne nicht wie gewünscht aufgehen, reden sie sich ein, dass es zäh weitergehen wird und sie keine andere Wahl haben, als durchzuhalten.

In dieser verbissenen Rolle werden sie angreifbar und begeben sich in ein Kreuzfeuer, das sie nur durch das Unterdrücken ihrer Gefühle aushalten können, denn die Angst, als unfähig aufzufliegen, hat sie fest im Griff. Weiblichkeit bedeutet in der Tat „zu fühlen", und genau darum berauben sich Frauen in diesem Kampf unbewusst und ungewollt. Sie fühlen sich oft selbst nicht mehr und nehmen förmlich eine Rolle ein, die durch Härte, Dominanz und konfrontatives Verhalten gekennzeichnet ist. Gleichzeitig sehen sie Feedback oft als Kritik und Angriff. Damit festigen sie das Bild der verhärteten Führungsfrau, dem wenige nacheifern.

Die Ironie besteht darin, dass die Anstrengungen dieser weiblichen Führungskräfte genau das unterstreichen, wogegen sie in den Kampf ziehen: die fehlende Chancengleichheit für Frauen in der Führung. Denn bedeutet Chancengleichheit nicht, dass Frauen dieselben Rechte und Möglichkeiten genießen sollten wie ihre männlichen Kollegen? Warum glauben dann so viele Frauen, die sich in einer Führungsposition verwirklichen möchten, dass sie sich dafür verbiegen müssen, indem sie kämpfen und sich verbissen durchsetzen wollen?

Meine Erfahrung zeigt mir, dass Frauen unbewusst immer noch gegen ein Frauenbild ankämpfen, das zwar nach wie vor in vielen Köpfen der Gesellschaft verankert ist, aber längst überholt sein könnte. Natürlich geschieht dieses Streben völlig unbewusst, denn ich kenne keine Frau, die sich bewusst dafür entscheidet, immer kämpferischer, härter und gefühlsabgestumpfter zu werden. Leider beobachte ich jedoch sehr viele Frauen, denen genau dieses Schicksal widerfährt.

Das ist ein wesentlicher Grund, warum es mir wichtig ist, dieses delikate Thema beim Namen zu nennen und dieses Buch zu schreiben.

Was mich persönlich antreibt

Ich kann es kaum fassen, dass es für viele Frauen noch heute eine Seltenheit darstellt, dass sich Männer für die Chancengleichheit von Frauen, insbesondere Frauen in Führungspositionen, einsetzen. Das zeigt sich auch darin, dass die Unterstützung von Frauen oft als Angelegenheit von Frauen betrachtet wird. Doch letztlich geht es nicht nur um die Stärkung von Frauen. Vielmehr sehe ich das übergeordnete Ziel in der Vereinigung von Mann und Frau bzw. den weiblichen und männlichen Energien in beiden Geschlechtern. Was treibt mich also an, insbesondere für ambitionierte Frauen eine Brücke zwischen ihren unsichtbaren Barrieren und ihrer Vision zu sein?

Erstens glaube ich, dass es mehr Frauen in Führungspositionen braucht, die nicht nur eine Richtung vorgeben, sondern die dafür sorgen, dass gesellschaftliche Schieflagen und Begrenzungen auf eine authentische

Weise überwunden werden - d.h. ohne übertriebene Härte, Dominanz oder Kampf - denn ich sehe Frauen als geborene Leaderinnen.

Zweitens kann ich aufgrund meiner persönlichen Erfahrungen sehr gut nachvollziehen, was es bedeutet, Selbstzweifel und Ängste zu haben. Ich weiß, wie es sich anfühlt, sich Herausforderungen nicht gewachsen zu fühlen und von geballten Emotionen wie Unsicherheit, Angst, Scham und Schuldgefühlen überwältigt zu sein. Lange Zeit habe ich mich selbst verbogen, mich angepasst und zurückgehalten, um nicht anzuecken - und das hat mir beinahe das Leben gekostet.

Was ich in meiner Arbeit als Coach mit Frauen in Führungspositionen festgestellt habe, ist die enorme Bedeutung von Selbstvertrauen. Viele Frauen fühlen sich unsicher in ihrer Führungsrolle und haben Zweifel an ihren Fähigkeiten, obwohl sie hervorragend sind. Dies führt leider oft dazu, dass sie ihre eigene Führungsposition untergraben. Nicht gelöste Selbstzweifel werden zu einer immer größeren Last, da sie den Mut begraben, Veränderungen herbeizuführen. Ein gestärktes Selbstvertrauen hingegen kann Berge versetzen, indem es hilft, diese Unsicherheiten zu überwinden und neue Wege zu gehen.

Ein weiterer wichtiger Aspekt ist der Umgang mit Emotionen. Oft stehen Führungsfrauen vor der Herausforderung, ihre Emotionen in stressigen Situationen zu beherrschen. Allerdings entgleitet ihnen häufig die Kontrolle, und sie reagieren automatisch in schädlicher

Weise, anstatt gelassen zu antworten. Dazu kommt, dass sich viele Frauen nicht ausreichend gewürdigt fühlen für ihre Leistungen und Erfolge oder glauben, dass sie nicht überzeugend genug sind, was zu innerer Unsicherheit führt. Ich kenne das tiefe Verlangen, über die eigenen Grenzen hinauszugehen. All das ist möglich.

So ist es meine Vision, dass insbesondere Frauen in Führungspositionen tiefes Vertrauen in sich selbst gewinnen, Herausforderungen und negative Emotionen gelassen meistern können und überzeugend auftreten, ohne kämpfen oder sich verbiegen zu müssen. Denn obwohl ich keine Frau bin und mich in meiner Männerrolle sehr wohlfühle, kann ich dennoch sehr gut nachvollziehen, wie sich viele Frauen in Führungspositionen fühlen, weil ich Parallelen zu meinen eigenen Erfahrungen erkenne.

Aus diesem Grund kann ich nicht einfach zusehen, wie wundervolle Frauen täglich mit Zweifeln, Überforderung oder mangelnder Anerkennung und Wertschätzung zu kämpfen haben, obwohl sie so hart für ihren Erfolg und ihre Zufriedenheit arbeiten. Ich lasse nicht zu, dass Sehnsüchte, Herzenswünsche und Visionen begraben werden. Es reicht mir nicht, dass die Thematik der Chancengleichheit für beide Geschlechter öffentlich diskutiert wird, ohne dass spürbare Veränderungen bewirkt werden. Ich stehe dafür ein, dass Frauen ihre tatsächliche Kraft entdecken, wodurch sie sowohl unangreifbar als auch unschlagbar sind. Und das hat uns hier zusammengeführt.

Kapitel-Highlights:

Viele Führungsfrauen, die nach Karrieremöglichkeiten streben, stoßen auf unzureichende Unterstützung. Dieser Trend betrifft sowohl hoch ambitionierte Frauen als auch solche, die ihre Entwicklung weniger aktiv vorantreiben. Fragen nach den Gründen für mangelnde Unterstützung und das Ausbleiben von Fortschritten bleiben oft unbeantwortet.

Unternehmensstrukturen und -anforderungen können die Entwicklung weiblicher Führungskräfte behindern, selbst wenn sie fachlich kompetent und an Führung interessiert sind. Manchmal erfüllen Unternehmen Quoten mit fragwürdigen Mitteln, ohne echte Unterstützung zu bieten.

Viele Führungsfrauen fühlen sich in einer „Pattsituation" wie Eva, in der ihre Ambitionen blockiert sind. Einige profitieren unbewusst von der Stagnation, um Enttäuschungen zu vermeiden, während andere verbissen um ihre Entwicklung kämpfen und dennoch unter den Folgen leiden. Dieser Kampf kann dazu führen, dass Führungsfrauen sich verhärten und sich von ihren eigenen Gefühlen entfremden.

Es ist meine Vision, dass Frauen in Führungspositionen an sich glauben, negative Emotionen gelassen meistern und sich nicht mehr zurückziehen oder kämpfen müssen, sondern wirkliche Anerkennung erfahren.

Deine Notizen, Erkenntnisse, Fragen:

Kapitel 2

Transformation ist immer möglich

Wenn du dich änderst, ändert sich für dich alles

Jeder Mensch handelt innerhalb eines unsichtbaren Rahmens, dem sogenannten Paradigma. Insbesondere weibliche Führungskräfte erfahren diese unbewussten Erwartungen (unconscious bias) täglich in ihrer Führungsrolle. Natürlich fragen sie sich zurecht, wie sie etwas daran ändern können. Fehlende Antworten bewegen viele von ihnen dazu, dagegen anzukämpfen oder sich zurückzuziehen, ohne die erhofften Veränderungen herbeiführen zu können. R. Buckminster Fuller hat es einmal sehr treffend formuliert, als er sagte: „Verändere niemals Dinge, indem du gegen die bestehende Realität kämpfst. Um etwas zu verändern, baue ein neues Modell, das das bestehende Modell überflüssig macht." Das neue Modell, auf das er anspricht, beginnt in dir – nämlich mit der Art und Weise, wie du dich selbst und dein Umfeld siehst und welche Möglichkeiten du in deinem Leben erkennen kannst. Solange du dich nicht veränderst, wirst du wie viele andere Frauen in Führungspositionen gegen eine unbesiegbare Kraft ankämpfen, die dir immer wieder begrenzte oder fehlende Möglichkeiten aufzeigt. Lass dich davon jedoch nicht entmutigen, denn wenn du dich änderst, ändert sich für dich alles.

Stell dir vor, du hältst ein halbvolles Wasserglas in deiner Hand. Was passiert, wenn du noch mehr Wasser hineingibst? Richtig, das Glas wird voller. Aber ändert sich der Inhalt? Natürlich nicht. Doch was passiert, wenn du statt Wasser Apfelsaft hinzugießt? Korrekt, der Inhalt verändert sich. Du hältst nicht länger ein halbvolles Glas Wasser in deiner Hand, sondern ein Glas verdünnten Apfelsaft.

Genau wie Wasser mit Apfelsaft vermischt werden kann und dadurch zu einer neuen Substanz wird, ist auch das Umfeld, in dem wir leben, formbar. Das bedeutet, dass du das Umfeld genauso beeinflusst, wie das Umfeld dich beeinflusst. Wenn du dich veränderst, verändert sich also auch das Umfeld für dich. Wenn es dir schwerfällt, diese Wechselwirkung nachzuvollziehen, dann bist du in bester Gesellschaft. Lass mich dazu eine schöne Erfolgsgeschichte teilen.

Transformation ist immer möglich

Evelyn (Name geändert), eine herausragende Führungskraft auf Senior-Level, litt unter starken Selbstzweifeln und tiefgreifender Unsicherheit. Sie fühlte sich oft nicht gut genug, zweifelte an ihren Fähigkeiten und kämpfte mit negativen Emotionen wie Schuldgefühlen und Selbstverurteilung. Ihr größtes Hindernis jedoch war der fehlende Glaube daran, dass sie sich verändern kann, wie sie mir am Ende unserer Zusammenarbeit offenbarte. Aus diesem Grund hatte sie auch lange gezögert, Coaching in Anspruch zu nehmen.

Du kannst dir sicherlich vorstellen, wie sie mich ansah, als ich ihr mitteilte, dass jede Veränderung bei uns beginnt, weil äußere Umstände ein Spiegel unserer selbst sind. Obwohl sie meine Aussage nicht direkt kommentierte, konnte ich sehr gut erahnen, was ihr durch den Kopf ging. Dann folgte eine Frage, die ich nicht zum ersten Mal gehört hatte: „Bin ich zu emotional, Lukas?“ Ohne zu zögern, antwortete ich: „Nein, das glaube ich nicht, aber du musst lernen, dein immenses emotionales Spektrum zu beherrschen, um es zu deinen Gunsten nutzen zu können.“

In unseren Coaching-Sitzungen konzentrierten wir uns darauf, diese Herausforderungen anzugehen und Wege zu finden, um Selbstvertrauen aufzubauen und mit schwierigen Situationen umzugehen. Über die sechsmonatige Intervention erlangte sie ein weitaus tieferes Selbstvertrauen und eine größere Gelassenheit. Sie wurde risikofreudiger und konnte Dinge leichter abhaken, insbesondere nach Ereignissen, die sie früher stark beschäftigt hätten. Darüber hinaus verbesserte sich ihre Zusammenarbeit mit teils schwierigen Kollegen, und sie fand einen Weg, mit respektlosem Verhalten und anspruchsvollen Menschen umzugehen. Diese Veränderungen haben nicht nur ihr Berufsleben, sondern auch ihr persönliches Wohlbefinden verbessert. Sie hat gelernt, negative Gefühle und Emotionen zu regulieren und sich weniger von Sorgen und Selbstzweifeln beeinflussen zu lassen.

Am Anfang konnte sie ihre Fortschritte nicht richtig erkennen, doch sie waren so offensichtlich, dass sogar ihr Vorgesetzter bemerkte, wie viel Selbstvertrauen sie gewonnen hatte und meinte, sie bräuchte mich als Coach nicht mehr. Ihre weitere Entwicklung ist bemerkenswert: Zum Zeitpunkt des Verfassens dieser Zeilen vertritt sie ihren Chef, der für drei Monate im Sabbatical ist und ihren kranken Kollegen, dessen Abteilung sie komplett übernommen hat. Obwohl sie immer wieder an ihre Grenzen kam, macht ihr die Herausforderung Spaß und sie fühlt sich selbstsicher und gut.

Ich teile diese Geschichte nicht, um aufzuzeigen, wie lobenswert es ist, wenn jemand so viel bewältigt, sondern um dir zu zeigen, dass Veränderung möglich ist, selbst wenn du im Moment Zweifel hast oder deine Situation besonders herausfordernd ist. Die Voraussetzung ist, dass du bereit bist, an dir zu arbeiten und neue Wege zu gehen, indem du deine Geisteshaltung änderst und dich auf Unterstützung einlässt. Dadurch können erstaunliche Transformationen stattfinden.

Wie du dich selbst siehst ist entscheidend

Der größte Widerstand, dem wir gegenüberstehen, liegt nicht in unserer Umgebung, sondern in uns selbst. Insbesondere ambitionierte Frauen zweifeln oft an ihrem eigenen Potenzial und befürchten, dass sie es möglicherweise nicht schaffen, ihre Vision zu verwirklichen. Die Folge sind häufige Ausreden wie „Ich habe gerade keine Zeit“, „Ich muss es mir zuerst nochmals durch den Kopf gehen lassen“, „Das ist mir zu teuer“ oder „Ich versuche es zuerst alleine.“ Diese Erklärungen sind wenig plausibel, da es sich um persönliche Ambitionen und Herzenswünsche handelt, deren Nicht-Erfüllung folgenschwere Konsequenzen mit sich trägt, während ihre Verwirklichung das gesamte Leben nachhaltig verbessert.

Zeit, Überlegungen, Geld und Fähigkeiten sind nicht

die primären Faktoren, um eine Transformation zu ermöglichen, sondern wir müssen in erster Linie unseren inneren Rahmen - das Paradigma - sprengen und erweitern. Ein wesentlicher Bestandteil des persönlichen Paradigmas ist unser Selbstbild, also wie wir uns selbst, andere Menschen und die Welt um uns herum wahrnehmen. Unser Selbstbild beeinflusst unsere Wahrnehmung maßgeblich, insbesondere auch hinsichtlich der Chancen und Möglichkeiten, die wir für unsere Entwicklung *erkennen* und *nutzen*. Die Wahrnehmung wiederum beeinflusst die Entscheidungen, die wir größtenteils unbewusst täglich treffen. Die Qualität unserer Entscheidungen ist ausschlaggebend für unsere Lebensqualität.

Forschungsergebnisse zeigen, dass Frauen, die ehrgeizig sind und höher streben, als weniger sympathisch wahrgenommen werden. Daher neigen Frauen dazu, ihre eigene Kompetenz zu unterschätzen, ihre Erfolge herunterzuspielen und zögerlich zu sein, um nicht als zu ehrgeizig zu gelten. Zudem haben sie oft eine immense Angst davor, für ihre ambitionierten Ziele verurteilt zu werden und daran zu scheitern. Dies führt dazu, dass sie sich weiter von ihren natürlichen Bestrebungen und Herzenswünschen entfremden, was emotionale Konsequenzen mit sich bringt.

Wenn herausragende Frauen dem Ruf des Durchschnitts folgen, beginnen sie innerlich zu bröckeln. Äußerlich ist dies oft nicht zu erkennen, aber innerlich performen sie unter ihrer Bestmarke, und das ist für sie spürbar. Die meisten Menschen sind zufrieden, wenn sie sich nur mit dem Nötigsten begnügen müssen. Für Überfliegerinnen bedeutet das Nötige jedoch zu viel Komfort, und sie beginnen zu driften. Viele betroffene Frauen in Führungspositionen versuchen in einer solchen Situation, ihre Ziele zu negieren, aber selten kommen sie über die Frustration und die fehlende Erfüllung hinaus.

Erkenne dein Selbstbild

Die meisten Menschen können sich etwas unter einem Auto, einem Flugzeug oder einem Nussknacker vorstellen, aber wenn es um das Selbstbild geht, dann gehen die Vorstellungen stark auseinander. Lass uns deshalb für Klarheit sorgen. Stell dir drei konzentrische Kreise vor. Der innerste Kreis ist dein Ursprung, also wer du im Kern wirklich bist. Der mittlere Kreis ist dein Selbstbild, sprich das Bild, das du von dir selbst, anderen Menschen und der Welt hast. Der äußerste Kreis bildet die Geschichten, die du dir basierend auf deinem Selbstbild bewusst und unbewusst erzählst. Diese Geschichten beinhalten deine Erwartungen, Erfahrungen, die Regeln und Werte, nach denen du lebst sowie Ausreden und Möglichkeiten, die du für dich erkennst.

Anders ausgedrückt umschreibt der innerste Kreis das formlose Bewusstsein des „Ich bin", der mittlere Kreis die Attribute, die das Bewusstsein formen, wie z.B. „Ich bin Frau", „Ich bin Führungskraft", „Ich bin ambitioniert," „Ich bin ängstlich", "Ich habe Selbstzweifel" oder „Mir fehlt die Gelassenheit und Überzeugungskraft."

Deine Selbstdefinition führt zum Rahmen (Selbstbild), in dem du dich bewegst und entfaltest. Daraus ergibt sich die Geschichte, die du dir über dich selbst, andere Menschen und Umstände immer wieder erzählst.

Ich bin mir bewusst, dass diese Vorstellung deinen Geist möglicherweise strapaziert. Hier ist eine noch greifbarere Metapher: Wasser ist in seiner ursprünglichen Form (innerster Kreis) Wasser, bevor es z.B. als Fluss, See, Wasserfall, Meer oder Kloake definiert wird (mittlerer Kreis). Je nach Definition entstehen unterschiedliche Geschichten (äußerer Kreis): In einem sauberen, klaren See baden wir gerne, auf einem reißenden Fluss betreiben wir Rafting, ein Wasserfall dient manchen Menschen als kraftspendendes Naturschauspiel, erfrischende Dusche, oder sogar als Nervenkitzel, indem sie sich mit einem Kanu hinunterreißen lassen. Das Meer lädt zu erholsamen Urlaubstagen ein, kann aber im Falle eines Hurrikans oder Tsunamis auch zerstörerische Ausmaße annehmen. Eine Kloake schließlich ist ein lebensarmer Raum, der wenig einladend wirkt. Wasser jedoch bleibt immer Wasser, ebenso wie dein Ursprung unabhängig vom Selbstbild und den Geschichten über dich selbst, andere Menschen und Umstände ewig Bewusstsein ist.

Weißt du, wie dein Selbstbild aussieht? Frage dich einmal, wie du dich selbst siehst. In welchen Rollen steckst du? Was ist deine Aufgabe bzw. wofür fühlst du dich verantwortlich? Was glaubst du über dich, andere Menschen und das Leben? Welche Überzeugungen hast du, und wer denkst du, nicht zu sein? Welche Stärken und Schwächen erkennst du an dir? Was hältst du für dich als möglich oder unmöglich? Was sind deine Kernwerte und die daraus abgeleiteten Regeln, nach denen du lebst?

Diese Fragen sind richtungsweisend, um dein Selbstbild - dein Paradigma, also den Rahmen, in dem du dich bewegst - bewusst zu machen. Dabei betonte Denis Waitley etwas sehr Wichtiges, als er sagte: „Es ist nicht, wer du bist, der dich zurückhält, sondern wer du denkst, dass du nicht bist." Die wirklichen Grenzen, die du überwinden musst, um dich in deiner Führungsrolle und im Leben frei zum Ausdruck bringen zu können, liegen in den negativen Aspekten deines Selbstbildes. Denn wie du bereits weißt, beeinflusst das Selbstbild wesentlich deine Wahrnehmung und dein Verhalten, wodurch entsprechende Ergebnisse erzielt werden.

Ein negatives Selbstbild führt dazu, dass du dein Potenzial nicht voll ausschöpfst und dich mit einem weit verbreiteten und doch oft übersehenen Dilemma konfrontiert siehst: Du bleibst trotz deiner beeindruckenden Leistungen unsichtbar oder kannst die Anerkennung nicht annehmen. Selbst wenn andere deine Leistungen würdigen, versperrt dir dein negatives Selbstbild den Zugang zu dieser Anerkennung oder hindert dich daran, sie in vollem Umfang anzunehmen. So folgst du unbeirrt wie auf Schienen weiterhin dem Weg, den du so gerne verlassen würdest.

Kapitel-Highlights:

Weibliche Führungskräfte stehen täglich vor unbewussten Erwartungen und Paradigmen, die ihre Führungsrolle beeinflussen. Statt gegen diese Realität anzukämpfen, bedarf es eines neuen Modells, das das bestehende überflüssig macht.

Evelyns inspirierende Erfolgsgeschichte zeigt, dass persönliche Transformation möglich ist, selbst bei Zweifeln und Herausforderungen. Evelyn, eine herausragende Führungskraft, die unter Selbstzweifeln und Unsicherheit litt, konnte durch Coaching ihr Selbstvertrauen stärken und positive Veränderungen erfahren. Wie wir geklärt haben, kommt der größte Widerstand nicht von der Umgebung, sondern von unserem eigenen Selbstbild. Führungsfrauen neigen dazu, ihre Kompetenz zu unterschätzen und zögern oft, ihre Ambitionen zu verfolgen, aus Angst vor Verurteilung oder Versagen.

Das Selbstbild formt die Wahrnehmung und beeinflusst die getroffenen Entscheidungen. Wir haben das Selbstbild in Form von drei konzentrischen Kreisen beschrieben: dem Ursprung, dem Selbstbild und den Geschichten, die wir uns über uns selbst erzählen.

Ein negatives Selbstbild hindert Frauen in Führungspositionen oft daran, ihr volles Potenzial auszuschöpfen und Anerkennung anzunehmen, selbst wenn sie sie verdienen.

Deine Notizen, Erkenntnisse, Fragen:

Kapitel 3

Keine reine Männerangelegenheit

Der Druck, sich anzupassen

Sicherlich hast du von der „gläsernen Decke“ gehört, die weibliche Führungskräfte in ihrer Karriere erleben. Dieses Phänomen lässt sich auf drei wesentliche Hauptfaktoren zurückführen, die wir genauer betrachten werden: Erstens den „Erwartungsunterschied” (Expectation Gap), zweitens die „Ambitionsstrafe“ und drittens das „schambehaftete Verhalten“.

Die Erwartungen an weibliche Führungskräfte unterscheiden sich oft von denen an männliche Führungskräfte. Frauen werden häufig mit bestimmten Eigenschaften wie Emotionalität, Empathie und Nachgiebigkeit in Verbindung gebracht, während Männer mit Eigenschaften wie Autorität, Entscheidungsfreudigkeit und Führungskompetenz assoziiert werden. Diese Erwartungen können zu einer Diskrepanz zwischen den tatsächlichen Fähigkeiten und Stärken von Frauen und den Erwartungen an sie führen.

Der Erwartungsunterschied in Bezug auf weibliche Führungskräfte bezieht sich auf die Diskrepanz zwischen den Erwartungen, die an Frauen in Führungspositionen gestellt werden (z.B. in Bezug auf Verhaltensweisen, Fähigkeiten, Führungsstil), und ihrer tatsächlichen Leistungen und Repräsentation in diesen Positionen. Diese Kluft wird oft durch gesellschaftliche Stereotypen und Vorurteile genährt, die Männer als besser geeignet für Führungspositionen betrachten.

Dieses Phänomen wirft nicht nur ein Schlaglicht auf die bestehenden geschlechtsspezifischen Ungleichheiten, sondern eröffnet auch wichtige Fragen darüber, wie wir unsere Arbeitskultur grundsätzlich gestalten und fördern wollen. Warum sollten Frauen weniger geeignet für Führungspositionen sein? Und warum müssen sie sich verbiegen, indem sie sich an die Erwartungen anpassen? Die Gründe dafür sind vielschichtig. Zum einen sind traditionelle Vorstellungen von Führung und Autorität immer noch stark in unserer Gesellschaft verwurzelt, was dazu führt, dass weibliche Führungskräfte oft automatisch anders bewertet werden als ihre männlichen Kollegen. Frauen werden beispielsweise als „zu hart" oder „emotional" abgestempelt, wenn sie ähnliche Verhaltensweisen wie Männer zeigen, obwohl Forschungen gezeigt haben, dass Frauen in bestimmten Bereichen der Führung sogar überlegen sein können, weil sie oft stärkere Fähigkeiten in den Bereichen Kommunikation, Empathie, Konfliktlösung und Teamarbeit haben. Dies führt zu einem Dilemma: Soll eine Führungsfrau ihre weibliche Natur unterdrücken, um den Erwartungen zu entsprechen, oder sich treu bleiben und das Risiko eingehen, nicht ernst genommen zu werden?

Einige mögen die Diskussion über den Erwartungsunterschied als überstrapaziert empfinden und haben keine Lust, weiter darüber zu hören. Doch für viele weibliche Führungskräfte ist dies eine sehr reale Herausforderung, denn der „Expectation Gap" spielt für sie eine entscheidende Rolle. Die Konsequenzen dieser Situation können sehr belastend sein.

Wenn die tatsächlichen beruflichen Erfahrungen nicht mit diesen erhöhten Erwartungen übereinstimmen, kann dies zu Unzufriedenheit führen. Unzufriedenheit ist in der Arbeitswelt zwar weit verbreitet, aber in der Führung hat dies oft gravierende Auswirkungen. Führungskräfte, die sich unter Druck gesetzt fühlen und nicht gelassen damit umgehen können, erleben oft ein Schwinden ihrer Führungsfähigkeiten. Dies spürt nicht nur die Führungskraft selbst, sondern auch das gesamte Team.

Frauen in Führungspositionen fühlen sich oft gezwungen, Teile ihrer persönlichen Werte oder gar ihrer Weiblichkeit zu komprimieren oder gänzlich aufzugeben, um akzeptiert zu werden. Dadurch können sie langfristig einen Verlust an Authentizität erleiden, was auch ein Burnout begünstigen kann. Denn die ständige Anpassung an übertriebene Erwartungen sowie das Vernachlässigen der eigenen Bedürfnisse kann nachweislich zu einem hohen Maß an Stress und emotionaler Erschöpfung führen.

Die erhöhten Erwartungen an weibliche Führungskräfte führen zudem oft dazu, dass sie ausschließlich die Fehler bei sich suchen, an sich selbst zweifeln oder sich sogar ausgegrenzt fühlen. Schließlich suggeriert der Erwartungsunterschied, dass sie von Natur aus nicht genügen und sich mehr anstrengen müssen, um akzeptiert zu werden. Diese Dynamik spielt sich völlig unbewusst ab und wird verstärkt, indem sich Betroffene unerreichbar hohe Standards auferlegen und sich selbst für das Nichterfüllen verantwortlich machen.

Sie glauben fälschlicherweise, dass sie nicht genug tun oder nicht gut genug sind, um den Erwartungen gerecht zu werden, was zu einem zusätzlichen Mangel an Selbstvertrauen und Selbstwertgefühl sowie Scham- und Schuldgefühlen führen kann.

Studien in verschiedenen Bereichen wie Medizin, Recht und Politik legen nahe, dass Frauen oft ihre eigenen Qualifikationen und Leistungen unterschätzen, während Männer dazu tendieren, übermäßiges Selbstvertrauen zu zeigen. Männer neigen dazu, ihren Erfolg ihren eigenen Fähigkeiten zuzuschreiben und externe Faktoren für Misserfolge verantwortlich zu machen, während Frauen eher dazu neigen, ihren Erfolg externen Faktoren zuzuschreiben und sich selbst für Misserfolge verantwortlich zu machen. Diese unterschiedlichen Wahrnehmungen können zu zusätzlicher Unsicherheit bei Frauen führen, was sich wiederum negativ auf ihre berufliche Entwicklung auswirken kann.

Das Haar in der Suppe gefunden

Wie subtil sich der Erwartungsunterschied auswirken kann, zeigt die folgende Erfahrung einer meiner Coaching-Klientinnen. Elna (Name geändert) hatte sowohl in ihrer beruflichen Rolle als Führungskraft als auch in ihrem persönlichen Leben stets das unterschwellige Gefühl, nicht willkommen zu sein. Durch ihr unbewusstes Verhalten sowie das Verhalten einiger Schlüsselpersonen erhielt sie immer wieder Hinweise darauf, dass sie tatsächlich nicht akzeptiert und teilweise sogar ausgegrenzt wurde. Dieses Muster blieb jedoch für sie unsichtbar – ein Phänomen, das fast alle betroffenen Frauen teilen –, was dazu führte, dass sie immer mehr davon überzeugt war, dass sie selbst und andere das Problem darstellten.

Diese Sichtweise führte zu einer inneren Spaltung und einer „ich gegen die anderen“-Haltung. Es ist wenig überraschend, dass sie in ihrer Rolle oft kämpferisch und zugleich zurückhaltend war. Ein besonders herausforderndes Projekt, bei dem es auch zwischenmenschliche Probleme gab, verstärkte ihre Überzeugung, nicht willkommen zu sein. Im Coaching lernte sie, dieses Muster nicht nur zu erkennen, sondern, viel wichtiger, es zu transformieren. Doch wie sich herausstellte, hatte sie ihre Überzeugung noch nicht vollständig überwunden.

Es war ihr ein großes Anliegen, sich bei einem Kollegen, der damals ebenfalls im Projekt involviert war, zu entschuldigen und ein gemeinsames Gespräch vorzuschlagen, um die mögliche Zusammenarbeit in einem neuen Projekt zu erleichtern. Seine Antwort war durchaus positiv und zeigte, dass er weder einen Groll gegen sie hegte noch ihr die Schuld gab. Im Gegenteil, er erwähnte, dass er selbst mit Schwierigkeiten kämpfte und ihre Zusammenarbeit aufgrund interner Interessenkonflikte in einem ungünstigen Rahmen stattfand. Zudem sei er gerne offen für ein Gespräch, sollten sie in Zukunft wieder zusammenarbeiten. Kurzum, Elna wurde in keiner Weise bestätigt, dass sie nicht erwünscht war. Das genügte ihr jedoch nicht, und sie fand das Haar in der Suppe.

Ihr gesamter Fokus richtete sich auf seine Bemerkung „sollten wir in Zukunft erneut zusammenarbeiten“, was für sie den erneuten Beweis lieferte, dass sie unerwünscht war. Sie interpretierte die Erwartungshaltung des Kollegen dahingehend, dass er nicht mehr mit ihr zusammenarbeiten wollte, weil sie sich ihm gegenüber falsch verhalten hatte.

Keine reine Männerangelegenheit

Die erhöhten Erwartungen an weibliche Führungskräfte kommen nicht nur von der Männerwelt. Ich musste zweimal hinhören, als mir jemand erzählte, dass eine weibliche Führungskraft in ihrem früheren Unternehmen keine Frauen einstellte. Das ist sicherlich ein extremer Fall, aber die Forschung zeigt, dass diese Tendenz keine Seltenheit darstellt und sogar einen Namen hat: das „Queen-Bee-Phänomen“.

Das „Queen-Bee-Phänomen“ wurde erstmals in den 1970er Jahren von den Psychologen Stacey Blake und Charles MorBarak beschrieben. Sie untersuchten das Verhalten von Frauen in Führungspositionen und prägten den Begriff, um die Tendenz einiger weiblicher Führungskräfte zu beschreiben, andere Frauen zu diskriminieren oder zu benachteiligen. Spätere Forschungen kamen zu ähnlichen Ergebnissen: Wenn es darum geht, das Leistungsvermögen und das Potenzial zur Entwicklung bei ansonsten gleich qualifizierten Mitarbeitern zu bewerten, zeigen Studien, dass sowohl Männer als auch Frauen Frauen diskriminieren.

Eine überraschende Erkenntnis ist, dass diejenigen, die behaupten, am unparteiischsten zu sein, tatsächlich Frauen stärker diskriminieren. Diese Art von wohlwollendem Sexismus ist weitaus gefährlicher als die offenkundig feindselige Art, da der Täter in der Regel keine Ahnung hat, wie seine oder ihre Einstellungen weibliche Kolleginnen verletzen, und daher keine Veranlassung verspürt, sie neu zu bewerten.[1]

Frauen machen sich auch oft gegenseitig das Leben schwer durch ihre eigenen Erwartungen an gesellschaftskonforme Rollen und Regeln. Ein Beispiel hierfür sind Mütter, die sich sowohl für ihre Familie als auch für ihre Karriere entschieden haben. Sie werden subtil oder öffentlich von anderen Müttern kritisiert oder schlecht gemacht, die sich ausschließlich für die Mutterschaft und gegen eine berufliche Laufbahn entschieden haben.

Im Streben nach Geschlechtergleichstellung kann es wie ein schlechter Witz erscheinen, dass einige weibliche Führungskräfte, insbesondere in von Männern dominierten Arbeitsumgebungen, andere Frauen diskriminieren oder benachteiligen. Statt Solidarität zu zeigen und andere Frauen zu unterstützen, tendieren „Queen Bees“ dazu, sich abzugrenzen und anderen Frauen den Zugang zu Ressourcen, Netzwerken oder beruflichen Chancen zu erschweren. Dieses Phänomen kann verschiedene Gründe haben, darunter der Glaube und die häufige Erfahrung, dass es nur begrenzte Aufstiegsmöglichkeiten für Frauen gibt, sowie die Angst, dass der Erfolg anderer Frauen ihre eigene

Position gefährden könnte.

Der Erwartungsunterschied hat offensichtlich weitreichende Auswirkungen auf weibliche Führungskräfte und fördert nicht zuletzt das gefährliche Konkurrenzdenken unter Frauen. Der „Expectation Gap“ ist jedoch nur ein Muster, das in Kombination mit einer Vielzahl von persönlichen unsichtbaren Mustern und Überzeugungen ein ganzes Netzwerk an Erwartungen, Regeln und Verhaltensweisen zur Folge hat. Solange eine weibliche Führungskraft im Netz des Erwartungsunterschieds gefangen ist, kann sie zwar durch Zurückhaltung oder Kampf vorübergehende Anpassungen und Veränderungen bewirken, aber das wird sie auf Dauer nicht befreien. Sie muss diese Limitierung überwinden.

Folge deiner Natur

Du musst dich als Frau nicht verbiegen, um in deiner Rolle als Führungskraft erfolgreich zu sein. Im Gegenteil, wenn du glaubst, dass dies notwendig ist, dann solltest du diese Annahme hinterfragen. Denn je mehr du dich von deiner weiblichen Natur entfernst, desto mehr Hindernisse legst du deinem Erfolg in den Weg. Diese Annahme wird auch von einer Studie untermauert: Google führte eine umfassende interne Untersuchung durch, um herauszufinden, was ihre erfolgreichsten Teams auszeichnete. Das Ergebnis war überraschend: Es war die psychologische Sicherheit. Die Teams, die sich am besten entwickelten, waren diejenigen, die sich frei fühlten, ihre Gedanken und Ideen zu äußern, ohne dem Druck ausgesetzt zu sein, in ein bestimmtes unternehmenskulturelles Schema zu passen. Diese Teams waren nicht nur kreativer und brachten vielfältigere Ideen hervor, sondern generierten auch einen höheren Umsatz als ihre Kollegen. Die Ergebnisse dieser wegweisenden Studie wurden erstmals 2015 veröffentlicht.

Wahrscheinlich klingt es unglaublich und befreiend zugleich, sich nicht länger verbiegen zu müssen und trotzdem erfolgreich zu sein. Unbewusst willigen sie nämlich oft in bestehende Paradigmen ein, die auf stillen Erwartungen basieren und vorschreiben, wie sich Frauen in Führungspositionen - und generell in der Gesellschaft - zu verhalten haben. Aber wer sagt, dass diese Paradigmen richtig sind bzw. was hindert dich daran, sie anzuzweifeln? Eine häufige Ursache sind Selbstzweifel. Wie bereits erwähnt, fällt es den meisten erfolgreichen Frauen leicht, den Fehler bei sich zu finden, aber es gelingt ihnen nicht, das System konstruktiv anzuzweifeln.

Viele Frauen fühlen sich als Opfer des Systems, der Gesellschaft und der Unternehmenskulturen. Doch das bedeutet nicht automatisch, dass sie dadurch das System verändern können. Im Gegenteil, wer sich als Opfer fühlt, sieht sich oft in einem Zustand begrenzter Möglichkeiten gefangen und kritisiert oder bekämpft verbissen die Ist-Situation. Konstruktives Anzweifeln des Systems hat nichts mit Schuldzuweisungen oder der Opferhaltung zu tun. Es beginnt damit, sich nicht länger an vermeintlich sichere Muster festzuhalten und nicht blind zu akzeptieren, dass die zugewiesenen Erwartungen nicht zur wahren Identität passen.

Allein der Gedanke daran kann die Furcht vor der Konfrontation mit bestehenden Strukturen auslösen. Ebenso groß ist die Angst vor möglichen negativen Konsequenzen, wenn Frauen versuchen, diese zu verändern. Diese Angst vor dem Unbekannten oder die Sorge um ihre Position kann dazu führen, dass Frauen in Führungspositionen zögern, den Status quo herauszufordern und neue Wege zu beschreiten. Doch in Wirklichkeit liegt genau darin die Chance für einen echten Wandel und eine Neugestaltung der Führungskultur.

Vielleicht werden sich die stillen Erwartungen an Führungsfrauen ändern, aber wie lange das dauern wird, kann niemand voraussagen. Diese Ungewissheit kann wenig Hoffnung stiften, denn strukturelle Veränderungen in Unternehmen kommen oft langsam. Viele weibliche Führungskräfte übersehen jedoch, dass der Schlüssel dazu bei ihren eigenen Paradigmen (Überzeugungen, Selbstbild) liegt. Niemand außer dir selbst hindert dich daran, deine Wahrnehmung zu verändern.

Wenn weibliche Führungskräfte erkennen, dass sie ihr Selbstbild unabhängig von bestehenden Bedingungen verändern können, indem sie beispielsweise die weit verbreitete Überzeugung hinterfragen, dass Frauen sich verbiegen müssen, um akzeptiert zu werden, ändern sie den Rahmen, in dem sie sich bewegen und entwickeln. Ein veränderter Rahmen führt zu neuen Geschichten, Regeln und Erwartungen, und dadurch eröffnen sich neue Möglichkeiten, selbst wenn sich bestehende Strukturen nur langsam oder begrenzt verändern. Überrascht dich diese Aussage? Das ist großartig! Erstens bist du damit nicht allein. Zweitens ermutige ich dich, dich nicht davon abhalten zu lassen, es selbst zu erleben!

Das Dilemma der Ambitionsstrafe

Jahrzehntelange sozialwissenschaftliche Forschung, durchgeführt von Psychologen wie Madeline Heilman an der NYU, Susan Fiske an der Princeton University, Laurie Rudman an der Rutgers University, Peter Glick an der Lawrence University und Amy Cuddy an der Harvard University, hat wiederholt festgestellt, dass Frauen für genau die Dinge, die zum Erfolg führen, deutliche soziale Strafen erleiden. Dieses Phänomen wird oft als „impliziertes Gemeinschaftlichkeitsdefizit" bezeichnet, bei dem Frauen bestraft werden, weil sie traditionelle Geschlechtsstereotypen verletzen, indem sie Eigenschaften zeigen, die als weniger „gemeinschaftlich" oder weniger den stereotypischen weiblichen Eigenschaften entsprechen. Die Ambitionsstrafe verweist darauf, dass Frauen insbesondere für ihre Ambitionen oder den Ausdruck von Führungsqualitäten sozial bestraft werden können.

Sheryl Sandberg hat diese Sammlung wissenschaftlicher Forschung in ihrem Buch „Lean In: Frauen, Arbeit und der Wille zur Führung" zusammengefasst. Die Daten zeigen klar, dass Erfolg und Sympathie bei Frauen nicht miteinander verknüpft sind. Sie werden für ihre herausragenden Leistungen bei der Arbeit gelobt, doch dann oft gerügt, weil sie als „zu aggressiv", „nur an sich selbst interessiert", „schwierig" und „rücksichtslos" bezeichnet werden, einfach weil sie sich besonders ambitioniert gezeigt haben. Frauen erfahren in verschiedenen Lebensbereichen eine Ambitionsstrafe, einschließlich ihrer Karriere und persönlichen Beziehungen. Diese Strafe tritt auf, wenn Frauen Erfolg haben oder Eigenschaften wie Durchsetzungsfähigkeit, Führungsqualitäten und Selbstbewusstsein zeigen.

Weibliche Führungskräfte werden gemäß Studienergebnissen oft als weniger kompetent wahrgenommen als ihre männlichen Kollegen, obwohl Frauen genauso fähig und qualifiziert sind. Auch berufstätige Mütter können Untersuchungen zufolge einer „Mutterstrafe" am Arbeitsplatz ausgesetzt sein, wodurch ihr Engagement und ihre Kompetenz infrage gestellt werden. Diese Wahrnehmung führt häufig zu niedrigeren Gehältern, weniger Beförderungsmöglichkeiten und geringerer Arbeitsplatzsicherheit im Vergleich zu männlichen Kollegen mit Kindern.

Forschungen haben auch gezeigt, dass Frauen, die Erfolgsmerkmale zeigen, häufig als weniger sympathisch und weniger feminin wahrgenommen werden. Dies kann zu sozialer Isolation und eingeschränkten Karrieremöglichkeiten führen. Darüber hinaus wurde in Studien festgestellt, dass Frauen in ihren Karrieren oft auf eine „gläserne Decke" stoßen, die ihnen den Aufstieg zu höheren Positionen aufgrund von Vorurteilen und Stereotypen erschwert. Dies trifft insbesondere, aber nicht ausschließlich, in von Männern dominierten Branchen zu.

Zusammenfassend zeigt die psychologische Forschung zu Erfolgs-Sympathie-Strafen, dass Frauen und Männer unterschiedliche Sympathiebewertungen erhalten können, obwohl sie als ähnlich kompetent angesehen werden. Wissenschaftliche Untersuchungen haben auch gezeigt, dass männliche und weibliche Führungskräfte gleichermaßen gemocht werden, wenn sie partizipativ handeln, indem sie Teammitglieder in Entscheidungsprozesse einbeziehen. Wenn sie jedoch autoritär handeln, werden weibliche Führungskräfte viel stärker abgelehnt als Männer.

Es geht nicht darum, dass Frauen immer stärker abgelehnt werden als Männer, wenn sie erfolgreich sind, sondern dass sie oft bestraft werden, wenn sie sich auf eine Weise verhalten, die gegen Geschlechtsstereotype verstößt. Meistens wirkt sich das völlig unbewusst aus. Insgesamt ist die Ambitionsstrafe für Frauen ein komplexes Problem, das von einer Vielzahl von Faktoren beeinflusst wird, darunter gesellschaftliche Einstellungen, kulturelle Normen, (unbewusste) Vorurteile und die individuelle Erwartungshaltung betroffener Frauen und Männer.

Diese Erkenntnisse legen nahe, dass ambitionierte Frauen vor einem Dilemma stehen, wenn es darum geht, Erfolg zu erzielen. Einerseits wird von ihnen erwartet, kompetent und erfolgreich zu sein, andererseits werden sie bestraft, wenn sie Eigenschaften zeigen, die mit Erfolg in Verbindung gebracht werden. Diese Diskrepanz zwischen den Erwartungen an erfolgreiche Frauen und den sozialen Strafen, denen sie ausgesetzt sind, ist ein ernsthafter Missstand, der dringend ausgeglichen werden sollte. Es geht um eine Arbeitswelt, in der Frauen tatsächlich die gleichen Chancen haben wie Männer. Dieser Weg beginnt bekanntlich mit einem neuen Modell, das das bisherige obsolet macht.

Ambitionsstrafe im persönlichen Leben

Die Angst vor den Konsequenzen des Erfolgs muss sich nicht immer im Berufsleben abspielen. Marianne (Name geändert) ist eine ambitionierte Frau mit hohen beruflichen Zielen. Sie erzählte mir während einer Coaching-Sitzung, dass sie sich in ihrer Rolle als weibliche Führungskraft beruflich weiterentwickeln möchte, aber ohne nachvollziehbare Gründe Angst davor hat. Das machte ihre Angst umso bedrohlicher. Auf meine Frage, was ihr konkret Angst bereitete, konnte sie anfänglich keine Antwort finden. Also bohrte ich weiter. Ich wollte wissen, was sie befürchtete, durch ihren Erfolg zu verlieren. Ihr kam nichts in den Sinn, denn sie verband ihren beruflichen Aufstieg mit mehr positiver Verantwortung und Möglichkeiten, etwas zu bewirken. Diese Vorstellung erfüllte sie mit positiver Energie. Doch ich ließ nicht locker und erinnerte sie daran, dass sich Erfolg nie nur auf einen Bereich des Lebens beschränkt. Obwohl ihr das einleuchtete, konnte sie nicht sofort nachvollziehen, worauf ich hinauswollte. Erst als ich sie fragte, was sie durch ihren beruflichen Erfolg in anderen Bereichen ihres Lebens befürchtete zu verlieren, traf es sie wie ein Blitz. „Oh", äußerte sie betroffen, „ich merke gerade, dass ich Angst habe, dass meine Ehe in die Brüche gehen wird, wenn ich noch erfolgreicher werde.

Wenn ich Marianne gefragt hätte, ob sie Angst habe, dass sie durch ihren Erfolg bestraft werden würde, hätte sie bestimmt „Nein" geantwortet. Aufgrund ihrer positiven Einstellung konnte sie das Offensichtliche jedoch nicht erkennen. Wie dieses Beispiel zeigt, muss sich die Erfolgsstrafe nicht zwingend im beruflichen Umfeld auswirken. Auch im persönlichen Leben gibt es genügend Dinge, die insbesondere weibliche Führungskräfte durch ihren Erfolg bedroht sehen.

Und was passierte mit Marianne? Sie hat ihre Angst überwunden und eine wichtige Lektion gelernt: Erfolg muss nicht auf Kosten einer Beziehung gehen – und das gilt natürlich für alle übrigen Bereiche des Lebens.

Schambehaftetes Verhalten

In der Welt der Führungskräfte ist Scham oft eine unsichtbare, aber allgegenwärtige Belastung, besonders für viele Frauen. Diese Scham, das Gefühl, nicht gut genug zu sein, resultiert oft aus frühkindlichen Prägungen und wird durch gesellschaftliche und unternehmerische Paradigmen sowie Erwartungen verstärkt. Die Schamforschung zeigt, dass Schamgefühle das Selbstwertgefühl beeinträchtigen können und oft zu einem Vermeidungsverhalten führen, das die persönliche und berufliche Entwicklung behindert.

Das schambehaftete Verhalten vieler ambitionierter Frauen kann zu einer Vielzahl von Konsequenzen führen. Oft stellen sie ihre eigenen Fähigkeiten und Leistungen in Frage und machen sich kleiner, als sie sind. Eine extreme Form ist das Impostor-Syndrom, bei dem Scham mit der Angst, als unfähig gesehen zu werden, gekoppelt ist. Es kann aber auch dazu führen, dass Führungsfrauen sich in ihrer Rolle unsicher fühlen und Schwierigkeiten haben, klar für sich selbst einzustehen, Grenzen zu setzen und ihre Meinung zu äußern. Darüber hinaus können sich Betroffene durch ihre Schamgefühle isoliert fühlen und Schwierigkeiten haben, Beziehungen zu ihren Kollegen aufzubauen und aufrechtzuerhalten, da sie sich selbst (unbewusst) nicht als ebenbürtig sehen. Die ständige Angst davor, nicht gut genug zu sein, manifestiert sich oft auch in Nervosität, vor Menschen zu sprechen oder etwas zu präsentieren. All dies kann zu einem Teufelskreis führen, der die Leistung und das Wohlbefinden betroffener weiblicher Führungskräfte deutlich beeinträchtigt.

Schamgefühle lähmen offensichtlich. Scham lässt sich nicht dadurch überwinden, indem sie unterdrückt oder mit falscher Härte überdeckt wird, denn bekanntlich hat Scham viele Frauen in Führungspositionen fest im Griff. Welche Auswege gibt es?

Erstens ist es wichtig zu verstehen, dass Schamgefühle selten auf wirkliche Mängel verweisen, sondern oft aufgrund von stillen gesellschaftlichen und familiären Überzeugungen unbewusst übertragen wurden. Wenn du als Kind oft korrigiert wurdest oder dir vielleicht sogar gesagt wurde, dass du in gewisser Hinsicht unfähig bist, dann bezog sich dieses Urteil auf eine bestimmte Sache, Aufgabe oder Fähigkeit. Das kindliche Gehirn besitzt jedoch keine Differenzierungsfähigkeit und bezieht alles auf sich selbst. In der Folge hast du nicht gedacht, „Ich bin dieser Sache noch nicht gewachsen“, sondern „Ich bin nicht gut genug.“

Zweitens hängen Schamgefühle meistens mit einem Vergleich zusammen. Dabei ist es unwichtig, ob du dich mit anderen Menschen oder einem Ideal vergleichst. Sobald du von der Vorgabe abweichst, entsteht ein Gefühl des Scheiterns - was wiederum als Hinweis genommen wird, dass du nicht gut genug bist. Dazu kommt, dass das Frau-Sein zumindest hierzulande mit klaren, oft schambehafteten Erwartungen verbunden ist.

Drittens solltest du lernen, für dich und deine Bedürfnisse als weibliche Führungskraft einzustehen, was durch Schamgefühle oft erschwert wird. Die Gewohnheit, dich zurückzunehmen, nicht gesehen zu werden oder um dein Ansehen kämpfen zu müssen, suggeriert unbewusst, dass du weniger wichtig bist. Und hier beginnt die Scham, bei diesem tiefen Gefühl, dass du nicht ausreichst. Kennst du das?

Kapitel-Highlights:

Die gläserne Decke stellt eine Herausforderung für weibliche Führungskräfte dar, die durch den „Erwartungsunterschied", die „Ambitionsstrafe" und schambehaftetes Verhalten bedingt ist.

Wie subtil sich der Erwartungsunterschied auswirken kann, zeigt die Erfahrung von Elna. Traditionelle Vorstellungen von Führung und Autorität bewerten Frauen anders als Männer, was zu Selbstzweifeln und Zurückhaltung führt. Frauen neigen dazu, ihre Fähigkeiten zu unterschätzen und Fehler bei sich selbst zu suchen. Das „Queen-Bee-Phänomen" zeigt, dass auch Frauen andere Frauen diskriminieren können, verstärkt durch gesellschaftliche Erwartungen. Weibliche Führungskräfte sollten ihre Authentizität bewahren, um diese Barrieren zu überwinden.

Die „Ambitionsstrafe" führt zu sozialen Strafen für Erfolg und Ambitionen. Frauen werden oft als weniger kompetent wahrgenommen, obwohl sie genauso qualifiziert sind. Zudem gelten erfolgreiche Frauen häufig als weniger sympathisch und feminin, wodurch sie oft als „zu hart" abgestempelt werden und auf Widerstände stoßen. Wie im Fall von Marianne deutlich wurde, befürchten viele ambitionierte Frauen unbewusst die Auswirkungen der „Erfolg-Sympathie-Strafe" auch im persönlichen Leben.

Deine Notizen, Erkenntnisse, Fragen:

Kapitel 4

Alles beginnt mit einer Entscheidung

Pendel zwischen Wollen und Nichtwollen

Die drei großen Hürden – Erwartungsunterschied, Ambitionsstrafe und schambehaftetes Verhalten – verstärken drei Ängste, die Frauen in Führungspositionen sehr häufig erleiden und oft unterdrücken. Die erste, die Angst vor Ausnutzung, steht in Verbindung mit dem Erwartungsunterschied; die zweite, die Angst vor Neid, mit der Ambitionsstrafe; und die dritte, die Angst vor Bestrafung, mit dem schambehafteten Verhalten. Alle drei Ängste haben eine psychologische Auswirkung, die kaum thematisiert wird: das Hin- und Hergerissensein zwischen Wollen und Nichtwollen.

Vielleicht spürst du es selbst: Ein Teil von dir will es unbedingt möglich machen und versucht, die Dinge zu kontrollieren, während ein anderer Teil es lieber verhindern möchte und dich zum Zurückhalten anhält. Ein Teil von dir fühlt sich klein und ängstlich, der andere kontrollsüchtig und angriffslustig. Diese Pendelbewegung fühlt sich nicht nur schlecht an, sondern hält dich auch fest.

Ursächlich für diese Dynamik sind zwei tieferliegende Ängste: die Angst, nicht genug zu haben, und die Angst, nicht genug zu empfangen. Diese verstärken sich gegenseitig und erzeugen eine ewige Schleife, sofern sie nicht durchbrochen wird. Stell dir vor, ein See hat einen Zufluss und einen Abfluss, die einen Kreislauf bilden. Sobald Wasser aus dem See abfließt, zirkuliert es zurück zum Zufluss und strömt wieder in den See. Aus Angst, nicht genug zu haben – oder nicht genug zu tun oder zu sein – beginnst du, den Abfluss zu regeln. Du kontrollierst ihn, damit nicht zu viel Wasser abfließt. Da es sich um einen Kreislauf handelt, fließt somit aber automatisch weniger Wasser zum Zufluss. Es fließt nicht nur weniger Wasser aus dem See, sondern auch weniger Wasser zurück in den See. Das bedeutet, dass du durch das Kontrollieren des Abflusses auch den Zufluss regulierst. Beide hängen miteinander zusammen. Die Folge? Das Wasser im See beginnt allmählich zu stehen. Diese Stauung führt zur Unterbindung des natürlichen Fließens. Sicherlich kennst du den Ausdruck „im Fluss des Lebens". Wenn du das Gefühl hast, nicht genug zu haben oder befürchtest, nicht genug zu empfangen, dann beginnt sich dein Leben zu stauen. Diese Stagnation kann dazu führen, dass du langfristig sogar das einbüßt, was du aktuell hast.

Alles beginnt mit einer Entscheidung

Rationales, analytisches Denken wird oft als der Goldstandard in Bezug auf die Entscheidungsfindung angesehen. In Wirklichkeit bestimmen jedoch Gefühle unsere Handlungen. Diese Verbindung ist nicht neu, jedoch legt ein Großteil der Gesellschaft, insbesondere die Geschäftswelt, nach wie vor großen Wert darauf, den rationalen Verstand als die wichtigere Instanz zu betrachten. Albert Einstein hat einmal treffend gesagt: „Der intuitive Geist ist ein heiliges Geschenk und der rationale Verstand ein treuer Diener. Wir haben eine Gesellschaft erschaffen, die den Diener ehrt und das Geschenk vergessen hat." Das bestätigt auch der Stanford-Professor Baba Shiv. Gemäß seinen Forschungen ist kühler, gelassener Intellekt nicht das Einzige, worauf es ankommt. Shiv erklärt, dass das rationale Gehirn nur etwa 5 bis 10% unserer Entscheidungsfindung beeinflusst, während Emotionen einen tiefgreifenden Einfluss auf unsere Entscheidungen haben, von dem wir uns nicht bewusst sind. Shiv hat dies in einer Studie von 2024[2] nachgewiesen und ermutigt uns dazu, unsere Instinkte und Intuition anzuerkennen.

Du kannst dich jetzt entscheiden, den Weg der Transformation zu gehen und dich nicht länger durch unbewusste Erwartungen oder eingrenzende Logik ausbremsen zu lassen. Jede Veränderung beginnt damit, dass du dein Selbstbild neu erfindest. Hast du dich schon einmal gefragt, wie du zu deinem Selbstbild gekommen bist? Wieso du dich und andere so siehst, wie du es tust? Und aus welchen Gründen du etwas für möglich oder unmöglich hältst?

Das Selbstbild ist eine Sammlung von Gewohnheiten, die insbesondere durch Erfahrungen in den ersten zehn Lebensjahren entstanden sind. Diese Prägungen durch einflussreiche Mitmenschen sowie gesellschaftliche Normen, Werte und Erwartungen wurden als unbewusste Überzeugungen – das sogenannte Paradigma – abgespeichert. Sie bestimmen alle Entscheidungen und somit den Kurs deines Lebens.

Handlungen werden nicht primär durch rationale Überlegungen gesteuert, sondern maßgeblich von Emotionen beeinflusst, wie Professor Shiv und andere Forscher gezeigt haben. Emotionen sind entscheidende Faktoren, die unsere Handlungen auslösen. Diese Einflüsse können sowohl positiv als auch negativ auf unser Verhalten wirken. Während positive Emotionen wie Freude, Liebe und Dankbarkeit uns dazu motivieren, positive Handlungen zu ergreifen, können negative Emotionen wie Angst, Schuldgefühle und Frust dazu führen, dass wir negative Entscheidungen treffen. Dies rückt die oft gehörte Äußerung „ich habe es mir reiflich überlegt" in ein völlig neues Licht, denn entscheidend ist, in welchem emotionalen Zustand du dich während deiner Überlegungen befindest!

Wie ich in meinem Buch „Die Kraft der Emotionen - Warum emotionale Selbstregulation der Schlüssel zum Erfolg für weibliche Führungskräfte ist" erläutere, sind Emotionen kein Hindernis, sondern vielmehr der Schlüssel, um neue Ergebnisse zu erzielen.

Die Falle der Rechthaberei

Eine der größten Herausforderungen, die mit der Veränderung des Selbstbildes einhergeht, ist die Ablenkung durch äußere Umstände. Wenn die Bedingungen ungünstig sind oder sich erhoffte Veränderungen trotz Anstrengungen nicht zeigen, neigen viele Menschen dazu, den Schluss zu ziehen, dass keine Fortschritte erzielt werden und sie sich im Kreis drehen. Als Reaktion zeigen sie entweder noch mehr Einsatz oder ziehen sich resigniert und frustriert zurück. So erging es auch meiner Coaching-Klientin, Anna (Name geändert), die mir mitteilte: „Ich drehe mich im Kreis, weil sich nichts wirklich ändert." Ihr Empfinden ist nachvollziehbar, aber sie hatte es mit einem großen blinden Fleck zu tun: Anna drehte sich nicht im Kreis, weil sich im Außen nichts änderte. Sie drehte sich im Kreis, weil sie (ihr Paradigma) nicht zuließ, dass sie ihre Sichtweise und Überzeugungen hinsichtlich äußerer Umstände veränderte. Es ist die typische Falle der Rechthaberei.

An diesem Punkt war es Anna wichtiger, Recht zu haben, als eine Veränderung zu erleben. Natürlich handelte es sich nicht um eine bewusste Entscheidung, sondern um eine unbewusste Reaktion. In der Psychologie spricht man in diesem Zusammenhang von externer Attribution, was bedeutet, dass äußere Umstände als Grundlage für das persönliche Empfinden herangezogen werden. Das gleicht einer wilden Achterbahnfahrt, denn sobald im Außen nicht alles nach Plan läuft, entsteht oft ein Gefühl innerer Unsicherheit. Diese Unsicherheit löst eine starke innere Begrenzung aus, die automatisch kompensiert wird.

U.S. Andersen schreibt dazu in seinem Buch „Three Magic Words": „Es ist oft eine faszinierende Sache zu beobachten, wie jemand vorübergehend die Prämisse akzeptiert, dass positives Denken sein Leben verändern kann, und diese transzendente Wahrheit dann nach dem oberflächlichsten Versuch als unbrauchbar verwirft. Er könnte sich beispielsweise heute entscheiden, seine Denkweise und seinen Lebensansatz zu ändern. Tatsächlich könnte er seine Einstellung und Haltung für einen Zeitraum von einer Woche oder sogar einem Monat erheblich ändern. Wenn er am Ende dieser Zeit jedoch kein Wunder erlebt hat, hebt er allzu oft die Hände in Verzweiflung und ruft: ‚Es funktioniert nicht!' und verfällt sofort in seine früheren Denkmuster."

In der Wissenschaft hat sich die Aussage „Das Fehlen von Beweisen ist kein Beweis für das Fehlen" popularisiert. Nur weil äußere Umstände nicht auf eine Veränderung hindeuten, bedeutet dies nicht, dass keine Veränderung möglich ist oder bereits stattfindet. Falle nicht einen Moment lang in die Falle, zu denken, dass du auf dem falschen Weg bist, wenn die Ergebnisse nicht sofort eintreten. Es ist eine Frage des Glaubens oder der Angst, und Angst ist nur die negative Nutzung des Glaubens. Egal wie du denkst, du rufst genau die Dinge ins Leben, an die du glaubst.[3]

Der imaginäre Deckel, der oft durch die unbewusste Versteifung auf eine negative Sichtweise verursacht wird, kann nur durchbrochen werden, wenn die Rechthaberei aufgegeben wird. In der Fliegerei gibt es ein passendes Pendant: den Autopiloten. Solange der Kurs auf Miami eingestellt ist, wird jede Kursabweichung automatisch korrigiert. Im Menschen entspricht der Autopilot dem Selbstbild, das ein wichtiger Bestandteil des persönlichen Paradigmas darstellt. Jede Abweichung vom Gewohnten wird bekämpft und zeigt sich oft im Festhalten an Vertrautem. Diese Form der Rechthaberei führt dazu, dass sich Betroffene tatsächlich im Kreis drehen. Die Ursache liegt jedoch nicht in unveränderten ungünstigen äußeren Bedingungen, Umständen oder Beziehungen, sondern im Unterbewusstsein. Um deine Zukunft gestalten zu können, musst du bereit und in der Lage sein, dein Paradigma zu ändern.[4]

Entscheidungen aufschieben

Hast du jemals eine Entscheidung aufgeschoben? Und bist du dir auch darüber im Klaren, warum du sie aufgeschoben hast? Das Aufschieben von Entscheidungen ist eine gängige Praxis, auch unter erfahrenen Führungsfrauen. Die Annahme, dass eine Entscheidung oft aufgeschoben wird, wenn sie schwierig ist, hat eine gewisse Richtigkeit, klärt aber nicht, warum ebenso viele leichte Entscheidungen aufgeschoben werden. Die wahren Gründe sind vielschichtiger.

Die größte Angst im Zusammenhang mit Entscheidungen ist die Furcht davor, die falsche Entscheidung zu treffen und unerwünschte Konsequenzen auszulösen. Dahinter verbirgt sich die Angst vor Fehlern. Der Umgang mit Fehlern wird maßgeblich von deinen unbewussten Prägungen beeinflusst. Wenn du wiederholt die Erfahrung gemacht hast, dass Fehler emotionalisiert oder sogar bestraft wurden, hast du wahrscheinlich ein stark belastetes Verhältnis zu Fehlern, es sei denn, du änderst gezielt deine Wahrnehmung. Es gibt weitere Faktoren im Zusammenhang mit der Angst vor Fehlern. Perfektionismus, also ein übermäßig hoher Anspruch an sich selbst und die Erwartung, immer fehlerfrei zu sein, können zu einer großen Furcht vor Fehlern führen. Eine kritische Umgebung, in der Fehler hart bestraft oder lächerlich gemacht werden, kann das Vermeiden von Fehlern zur obersten Priorität machen und das Selbstvertrauen beeinträchtigen. Frühere negative Erfahrungen mit Fehlern, wie das Auslösen von Konflikten oder Misserfolgen, können die Angst vor Wiederholung verstärken. Die Sorge, von anderen negativ bewertet oder abgelehnt zu werden, kann zu einer starken Abneigung gegenüber Fehlern führen. Ein niedriges Selbstvertrauen und ein Mangel an Vertrauen in die eigenen Fähigkeiten können die Angst vor Fehlern und ihren Konsequenzen verstärken.

Das Aufschieben von Entscheidungen wird auch durch drei weitere Ängste begünstigt. Erstens die Angst vor Verlust, die dazu beitragen kann, dass eine Entscheidung aufgeschoben wird, um mögliche Nachteile zu vermeiden. Hinter dem Gefühl der Überforderung, das oft im Zusammenhang mit Entscheidungen auftritt, verbirgt sich zweitens die Angst, es nicht zu schaffen. Diese Befürchtung wird in der Regel durch die erwartete Anstrengung oder Belastung ausgelöst, die mit den Folgen einer Entscheidung verbunden sein könnte. Jede Entscheidung bringt Veränderungen mit sich, und wenn diese Veränderungen viele neue und unbekannte Aspekte beinhalten, wird automatisch Unsicherheit ausgelöst. Diese Unsicherheit stimuliert drittens unbewusst die Angst vor dem Ergebnis.

Die Logik des Aufschiebens von Entscheidungen wird durch das Paradigma gesteuert. Dies wird besonders deutlich, wenn wir bedenken, dass die grundlegende Dynamik des Aufschiebens die Präferenz für Sicherheit gegenüber Wachstum betont. Es mag übertrieben klingen, aber wer nicht wächst, der stirbt.

Der Anschein eines Höhenflugs

Es war ein sehr tiefgreifendes Klarheitsgespräch, das ich mit Daniela (Name geändert), einer erfahrenen Führungskraft, führte. Daniela flüchtet sich regelrecht in die Beschäftigung, und ihr oft hektisches Leben wird durch das ständige Löschen von Brandherden bestimmt. Ihre Absichten waren klar: Sie wollte sich verändern, weil sie immer wieder mit demselben Selbstwertthema in Berührung kam. Aufgrund ihrer Äußerungen spürte ich deutlich, dass ich ihr helfen konnte, diese unsichtbare Barriere zu überwinden, und fragte sie, ob sie die Zusammenarbeit starten möchte. Ihre Antwort war: „Am Anfang des Gesprächs Ja, und jetzt eher Nein, weil ich es nicht mehr spüre."

Obwohl ich ihr aufzeigte, dass sie mich während des Coaching-Programms jederzeit kontaktieren könnte, offenbarte mein Nachfragen, dass sie Angst hatte, alleine gelassen zu werden. Das ergab wenig Sinn, da sie zuvor bemerkte, dass sie nicht jemand sei, der ständig Unterstützung brauche. Offensichtlich unterhielten wir uns nicht auf Basis der Logik, sondern des Paradigmas, bei dem es nur um ein Thema ging: das Bewahren der Sicherheit.

Am nächsten Tag empfing ich eine euphorische Nachricht von Daniela: „Guten Morgen Lukas. Danke für das im wahrsten Sinne des Wortes staudammbrechende Gespräch/Coaching. Am Abend sind ganze

Wälle gebrochen und ein ganzes Kriegsherr von Beschützern durfte sich das erste Mal seit ewig ausruhen. Der Sprung ist vollbracht, ich fliege noch... Im Moment belasse ich es so und spüre mal rein in diese feine, neue, verletzliche Seite und würde mich aber sehr gerne melden, wenn ich mich ertappe, dass ich dennoch nicht weitergehe."

Meine Antwort mag vielleicht erstaunen: „Hallo liebe Daniela, danke für deine Nachricht. Aus Sicht deiner - für mich offensichtlichen - unsichtbaren Barriere ergibt deine Entscheidung Sinn, und der Höhenflug rührt nicht von der Überwindung deiner Grenze, sondern vom Ablassen des Sprungs ins Ungewisse. ;-) Natürlich freue ich mich, wenn ich mich täusche, verlasse mich aber auf meine Erfahrung."

Habe ich Danielas Höhenflug unsanft gestoppt? Nein, denn obwohl sie sich im Augenblick besser fühlte, überwand sie nicht das ursächliche Hindernis. Das lässt sich leicht erklären: Wenn Menschen vor einer schwierigen Entscheidung stehen – und dazu zählt die Entscheidung, sich coachen zu lassen, um einschneidende Grenzen zu überwinden – erfahren die meisten von ihnen einen Kontrollverlust, indem sie sich unsicher fühlen oder sogar körperliche Stresssymptome wie Muskelverspannungen, Kurzatmigkeit, Herzrasen oder Kribbeln am ganzen Körper entwickeln. Sie fühlen sich förmlich in die Enge getrieben, und darauf reagiert das Gehirn unkontrolliert. Die Erlösung bringt nur eine unwiderrufliche Entscheidung, und diese hat Daniela nicht gefällt. Indem sie mir schrieb, dass sie es vorerst dabei belassen möchte und sich gegebenenfalls wieder bei mir meldet, zeigt, dass sie sich eine Hintertür offen lässt. Eine tatsächliche Entscheidung aber kennt keinen Fluchtweg.

Sehr viele Menschen reden sich oft unbewusst ein, dass sie eine Veränderung bewirkt haben, ohne ihre unsichtbaren Barrieren zu überwinden und ohne ihr Selbstbild zu ändern. Das führt zwar zu einem vorübergehenden Höhenflug, wie ihn Daniela erlebte, weil sie die altbekannte Sicherheit ihrem Wachstum bevorzugt hat, aber nicht zur Befreiung, nach der sie sich wirklich sehnen - und die sie erleben könnten.

Die innere Spannung lösen

Wenn wir uns von einer schwierigen Entscheidung abwenden und uns einreden, dass es der richtige Schritt war, obwohl wir tief im Inneren wissen, dass wir dadurch einen tatsächlichen Durchbruch aufschieben, erleben wir oft einen vorübergehenden euphorischen Höhenflug. Dieser Effekt lässt sich durch eine Kombination aus psychologischen und biochemischen Mechanismen erklären.

Zunächst spielt die *kognitive Dissonanz* eine zentrale Rolle. In der Psychologie wird kognitive Dissonanz als ein unangenehmer Gefühlszustand bezeichnet, der durch widersprüchliche, unvereinbare oder sich gegenseitig ausschließende Wahrnehmungen (Kognitionen) ausgelöst wird. Diese können widersprüchliche Gefühle, Vorstellungen, Überzeugungen, Wünsche,

Informationen, Einstellungen, Meinungen, Absichten oder Gedanken sein. Stell es dir vor wie einen intensiven inneren Konflikt, in dem verschiedene Überzeugungen, Werte, Gedanken und Erwartungen wie rivalisierende Armeen gegeneinander kämpfen. Um den inneren Konflikt zu lösen, sind Menschen bereit, sich selbst zu belügen, Ansichten spontan zu ändern oder Informationen zu ignorieren, um die Spannung abzubauen und ihr eigenes Verhalten zu rechtfertigen - vor allem vor sich selbst.

In Danielas Fall entstand die Dissonanz, weil sie einerseits erkannte, dass das Coaching ihr helfen könnte, andererseits aber Angst vor dem Unbekannten, also einem Kontrollverlust, hatte – insbesondere vor dem Ablegen ihres bisherigen Selbstbildes. Dazu kam, dass sie sich aufgrund ihres Selbstwertthemas unbewusst beweisen wollte, dass sie es alleine schafft. Dies alles erzeugte ein unangenehmes Spannungsgefühl in ihr. Indem sie sich einredete, die richtige Entscheidung getroffen zu haben und dabei auf Unterstützung verzichtete, versuchte sie, diese Dissonanz zu verringern. Die Reduktion der inneren Spannung führte zu einem Gefühl der Erleichterung und löste sogar eine vorübergehende Euphorie aus. Du kannst es dir so vorstellen: Daniela spürte, dass der Sprung vom 10-Meter-Sprungbrett ihr nächster Schritt sein könnte, und so kletterte sie auf die Plattform. Doch oben angekommen, bekam sie plötzlich schwache Knie - ein Ausdruck der kognitiven Dissonanz. Obwohl sie innerlich wusste, dass der Sprung sie langfristig befreien würde, entschied sie sich unbewusst dagegen.

Zurück auf sicherem Boden fühlte sie sich erleichtert und überzeugt, dass es die richtige Entscheidung war. Aber diese Sicherheit ist nicht von langer Dauer.

Auch das Belohnungssystem des Gehirns, insbesondere Dopamin, trägt wesentlich zu diesem Höhenflug bei. Wenn wir uns von einer schwierigen Entscheidung abwenden und uns selbst überzeugen, dass wir richtig gehandelt haben, erleben wir dies als kurzfristige Belohnung. Diese vermeintliche „Lösung" eines Problems kann eine Freisetzung von Dopamin im Gehirn auslösen. Dopamin, ein Neurotransmitter, der stark mit Belohnung und Vergnügen assoziiert ist, führt zu einem Gefühl der Euphorie und Zufriedenheit. Zudem kann Serotonin eine Rolle spielen, da positive Selbstüberzeugung den Serotoninspiegel erhöht und so zu einer verbesserten Stimmung und einem Gefühl des Wohlbefindens führt.

Darüber hinaus dient das Abwenden von schwierigen Entscheidungen oft als Stressbewältigungsstrategie. Indem wir die Entscheidung als richtig rationalisieren, reduzieren wir den Stress und die Angst, die mit der ursprünglichen Unsicherheit und Schwierigkeit verbunden sind. Diese Verringerung von Stress und Angst kann biochemische Veränderungen hervorrufen, insbesondere eine Senkung des Stresshormons Kortisol. Ein niedrigerer Kortisolspiegel kann zu einem Gefühl der Ruhe und vorübergehenden Euphorie führen. Schließlich kann auch die Freisetzung von Endorphinen dazu beitragen, dass die innere Unsicherheit einem Gefühl der Erleichterung und des Wohlbefindens weicht. Endorphine wirken als natürliche Schmerzmittel und Stimmungsaufheller, was zusätzlich zu einem vorübergehenden euphorischen Zustand beitragen kann.

Insgesamt ist der vorübergehende euphorische Höhenflug, den Daniela erlebte, ein Ergebnis komplexer kognitiver und biochemischer Prozesse. Sie vermied es, sich der Entscheidung zu stellen, Unsicherheit zu akzeptieren und ihre unsichtbaren Barrieren zu überwinden, um ihre Vision zu verwirklichen. Stattdessen redete sie sich ein, dass es der richtige Schritt war, obwohl dies keine nachhaltige Veränderung bewirkte. Dieses Zusammenspiel umfasst die Reduktion der kognitiven Dissonanz, die Aktivierung des Belohnungssystems und die Stressbewältigung, was zu einer kurzfristigen Erhöhung von Neurotransmittern wie Dopamin, Serotonin und Endorphinen führt und somit zu einem Gefühl der Euphorie und Zufriedenheit beiträgt.

Hat sich Daniela falsch entschieden? Nein, denn in Wirklichkeit hat sie sich nicht entschieden, sondern unbewusst ihren bisherigen Status quo beibehalten, in der Illusion, dass er sich auflöste. Nur weil wir Puderzucker auf einen Goldbarren streuen, ändert er dadurch nicht seine Farbe! Dasselbe gilt für einen vorübergehenden Höhenflug, denn Wachstum wird immer von einem anfänglichen Gefühl der Unsicherheit begleitet und bedingt den Sprung ins Unbekannte. Wenn Daniela dazu selbst imstande wäre, hätte sie ihr Problem längst gelöst. Das hat nichts mit ihrer Intelligenz oder Fähigkeit zu tun, sondern mit der Tatsache, dass

Betroffene oft unsichtbare Barrieren nicht erkennen und daher nicht überwinden können - auch wenn sie sich selbst gerne vom Gegenteil überzeugen würden, wie wir gesehen haben. Als Coach tut mir das immer sehr weh, weil ich weiß, was für sie jenseits ihres unsichtbaren Musters möglich wäre und wie viel innere Freiheit und neue Möglichkeiten sie dadurch gewinnen würden.

Kapitel-Highlights:

Die „gläserne Decke“ erschwert Frauen den Aufstieg zu höheren Positionen in von Männern dominierten Branchen. Schamgefühle können das Selbstwertgefühl beeinträchtigen und zu Vermeidungsverhalten führen. Die Pendelbewegung zwischen dem Wunsch nach Erfolg und der Angst vor Bestrafung oder Ausnutzung ist häufig bei Frauen in Führungspositionen.

Emotionen spielen eine entscheidende Rolle in unserem Entscheidungsprozess, während das Selbstbild unsere Entscheidungen maßgeblich beeinflusst. Anna und Danielas Fallbeispiele zeigen, dass die Falle der Rechthaberei und das Aufschieben von Entscheidungen Hindernisse für Veränderungen sind, die durch Ängste wie die Angst vor Fehlern oder Verlust begünstigt werden.

Letztendlich führt das Aufschieben von Entscheidungen zu einem vorübergehenden Höhenflug, wie ihn Daniela erlebte, statt den eigenen unsichtbaren Barrieren bewusst zu begegnen.

Deine Notizen, Erkenntnisse, Fragen:

Kapitel 5

Unsichtbare Barrieren

21 unsichtbare Barrieren

Wenn ich die Coaching-Reise mit Führungsfrauen beginne, klären wir unter anderem, welche von insgesamt 21 unsichtbaren Barrieren – die alle Paradigmen widerspiegeln und insbesondere ambitionierte Frauen daran hindern, Erfolg und Erfüllung in der Karriere sowie in anderen Lebensbereichen wie Beziehungen, Gesundheit, usw. zu erreichen – sie am stärksten ausbremsen. Bist du dir im Klaren darüber, welche unbewussten Überzeugungen dich ausbremsen könnten?

Diese Barrieren, die in Forschungsergebnissen der Psychologie, Soziologie, Wirtschaft und Bildung hervorgehoben werden, sind tief verwurzelte Überzeugungen und Verhaltensweisen. Sie machen jeden Fortschritt zu einem anstrengenden und vorübergehenden Unterfangen, da sie fest mit dem Selbstbild verwoben sind und oft nicht erkannt oder übersehen werden. Jede Barriere besteht aus einem Netzwerk von Entscheidungen, Erwartungen, Regeln und Gewohnheiten, das dein eigenes Verhalten sowie das Verhalten anderer Menschen beeinflusst. Während andere Menschen deine Barrieren durch ihr Verhalten spiegeln, trägst du unbewusst dazu bei, sie durch dein Verhalten aufrechtzuerhalten. Die Erfahrung aus dem Coaching von Führungsfrauen zeigt mir, dass die fehlende Bewusstmachung und Überwindung dieser inneren Barrieren einem Sprint an einem Gummiseil gleicht. Du musst nicht nur viel mehr Kraft aufwenden, sondern wirst am Ende unsanft zurückgerissen.

Es ist an der Zeit, dieses verrückte Spiel zu beenden. Dazu werden wir fünf unsichtbare Barrieren genauer aufschlüsseln, die sich insbesondere in der Führung negativ auswirken können. Wir klären, wie sie sich zeigen, durch welche Verhaltensweisen andere Menschen die Barrieren spiegeln und was du unbewusst und ungewollt tust, um sie aufrechtzuerhalten.

In eine enge Schublade gesteckt

Die erste unsichtbare Barriere äußert sich darin, dass du auffällst, sei es durch laute Worte, eine imposante Erscheinung oder eine charismatische Ausstrahlung. Doch hinter dieser Fassade verbirgst du oft Bedürfnisse und Wünsche, die du nicht aussprichst, aus Angst davor, anderen zur Last zu fallen oder als zu fordernd wahrgenommen zu werden. Generell fällt es dir schwer, Dinge anzunehmen. Es scheint, als müsstest du dich ständig zurückhalten, um nicht zu viel Raum einzunehmen, und findest dich in einem Umfeld wieder, das dich lieber in eine enge Schublade steckt, anstatt deine ganze Persönlichkeit anzunehmen.

Die Menschen um dich herum spiegeln dir diese Barriere wider, indem sie dich oft zum Schweigen bringen und deine Andersartigkeit nicht akzeptieren. Möglicherweise fühlen sie sich von deiner Präsenz oder von deinen Bedürfnissen, Wünschen und Emotionen dominiert, eingeschüchtert oder überwältigt. Dadurch haben sie Schwierigkeiten, sich auf dich einzulassen oder glauben, dass du nichts von ihnen brauchst.

Indem du dich selbst ständig kontrollierst und zurückhältst, verstärkst du unwissentlich diese Barriere. Möglicherweise findest du dich sogar in Beziehungen wieder, die sich durch deinen offenen Selbstausdruck bedroht fühlen, oder in Lebenssituationen, die von dir Selbstbeherrschung verlangen. Es könnten dir wahrscheinlich die richtigen Rahmenbedingungen fehlen, um deine Talente und Fähigkeiten voll zur Geltung zu bringen. Statt jedoch nach neuen Möglichkeiten Ausschau zu halten, verharrst du oft in Situationen, die dich einschränken und nicht zu deinem Wachstum beitragen.

Das Zepter in der Hand haben wollen

Die zweite unsichtbare Barriere zeigt sich darin, dass du oft das Gefühl hast, dass andere Menschen (in deinem Team) nicht so kompetent und wirksam sind wie du. Diese Wahrnehmung führt zu einer Dynamik, in der du dich unwohl fühlst, wenn du nicht die Machtposition im Raum einnimmst. Möglicherweise bist du körperlich sehr stark oder groß, sei es durch intensive körperliche Aktivitäten oder sogar Übergewicht. In der Regel übernimmst du die Rolle der Anführerin und bist selten die Mitläuferin. Es fällt dir schwer, dich anderen gegenüber verwundbar zu zeigen und ihnen mitzuteilen, was du wirklich benötigst. Stattdessen machst du dich unersetzlich und ermächtigst andere nicht, deinen Platz einzunehmen. Oft spielst du zudem die Rolle der Heldin und sorgst dafür, dass andere wissen, was du alles für sie getan hast. Dabei übernimmst du gerne die Anerkennung für die Leistungen anderer, indem du ihre Beiträge entweder schmälerst oder nicht anerkennst. Durch die Überzeugung, dass Macht dein Geburtsrecht ist und nicht unbedingt etwas ist, das gepflegt und entwickelt werden muss, versäumst du es häufig, deine Führungsfähigkeiten zu entwickeln.

Andere Menschen zeigen dir durch ihr Verhalten auf unterschiedliche Weise diese unsichtbare Barriere auf. Zunächst mögen sie sich durch deine Präsenz gestärkt fühlen oder dich sogar zum Idol erheben, indem sie dich übermäßig bewundern oder verehren. Doch mit der Zeit merken sie, dass sie in deiner Nähe nicht ihre volle Kraft entfalten können, was ihr eigenes Wachstum hemmt oder sie dazu zwingt, sich von dir zu entfernen. Du wirst oft als jemand wahrgenommen, der keine Probleme oder Bedürfnisse hat, was es für andere schwierig macht, dich zu unterstützen, da du bereits alles zu wissen scheinst. Sie empfinden dich als unbelehrbar und unzugänglich und fühlen sich frustriert, wenn sie versuchen, dich kennenzulernen, da du so stark darauf beharrst, nur Lob zu hören und jede andere Rückmeldung abwehrst. Deine Mitmenschen fühlen sich oft wie bloße Zuhörer, anstatt Partner in einem Gespräch zu sein. Zudem haben sie das Gefühl, von dir nicht wirklich wahrgenommen zu werden, was verwirrend ist, da du so weise und sachkundig erscheinst und dich so fürsorglich gibst.

Du verstärkst unbewusst diese unsichtbare Barriere, indem du den Eindruck erweckst, alles im Griff zu haben und niemanden für irgendetwas zu brauchen. Oft neigst du dazu, auf subtile Weise die Stärken anderer zu invalidieren, sei es durch Übertrumpfung, Herausforderung ihres Wissens oder durch Widerspruch. Du errichtest unsichtbare Schilde, um die volle Wahrheit nicht hören zu müssen, und signalisierst anderen heimlich, dass du nur „positives“ Feedback hören möchtest. Wenn sie versuchen, dir mitzuteilen, dass sie in deiner Gegenwart nicht ihre volle Kraft entfalten können, schiebst du ihnen die Verantwortung zu. Du tendierst dazu, eine Besserwisserin zu sein, ständig andere zu korrigieren oder ungebetene Ratschläge zu geben, und vernachlässigst es, starke Menschen in deinem Leben zu haben, die dich coachen können. Zudem neigst du dazu, dich auf deinen Erfolgen auszuruhen, anstatt dich weiterzuentwickeln, da du glaubst, bereits alles zu wissen. Dadurch schränkst du deine Fähigkeit ein, deine Größe und Kraft voll auszuschöpfen.

Chronische Unordnung und Chaos

Die dritte unsichtbare Barriere manifestiert sich darin, dass du selten dein Wort hältst, sei es dir selbst oder anderen gegenüber, und Verpflichtungen nur selten oder verspätet erfüllst. Unter anderem kann sich dies durch verspätete Zahlungen oder eine schlechte Kreditwürdigkeit zeigen. Deine Umgebung ist oft von Unordnung geprägt, mit Stapeln von Papierkram und unerledigten Aufgaben zu Hause und im Büro. Du bist chronisch desorganisiert und leidest unter Gefühlen von Schuld, Scham und Minderwertigkeit. Zudem nimmst du dir selten Zeit, um deine Erfolge zu feiern, und setzt nur minimale Strukturen ein, um deine eigenen tieferen Bedürfnisse und Wünsche zu erfüllen.

Andere weisen oft auf diese Barriere hin, indem sie sich chronisch irritiert und enttäuscht von dir fühlen, da sie regelmäßig unter den Folgen deiner Fehler leiden. Insbesondere in engen Beziehungen fühlen sie sich häufig dazu gedrängt, die Organisation und den Kurs für dich zu übernehmen. Sie beklagen, dass sie dir nicht vertrauen können, was dazu führt, dass sie deine Versprechen nicht mehr ernst nehmen und das Vertrauen in deine Fähigkeit, deine Ziele und Träume zu verwirklichen, verlieren.

Du hältst diese unsichtbare Barriere unbewusst aufrecht, indem du oft unpünktlich bist, zum chronischen Aufschieben neigst und dich unzureichend auf deine Arbeit vorbereitest, obwohl du dazu in der Lage wärst, eine bessere Leistung zu erbringen. Dir fehlen Strukturen, um alle Aspekte deines Lebens, sei es finanziell oder organisatorisch, zu verwalten. Dies führt zu Unordnung und Chaos in deiner Umgebung. Oft übernimmst du mehr, als du realistisch bewältigen kannst, was deine Leistung beeinträchtigt. Zudem verkaufst du dich oder deine Leistungen oft unter Wert, was dich dazu zwingt, Arbeit für wesentlich weniger zu leisten, als du eigentlich wert bist, und dein Leben gerät dadurch aus dem Gleichgewicht, da du deine Zeit und/ oder dein Geld nicht richtig verwalten kannst. Wenn du merkst, dass du deine Versprechen nicht einhalten kannst, brichst du den Kontakt ab und wartest, bis es zu spät ist, um deine Bedürfnisse nach Unterstützung zu kommunizieren.

Klar abgegrenzt und auffällig anders

Die vierte unsichtbare Barriere zeigt sich darin, dass du dich oft als Außenseiterin fühlst oder in deiner Familie als das schwarze Schaf giltst. Dir wird nachgesagt, etwas eigenartig und seltsam zu sein. Dies kann verstärkt werden, wenn du dich auf eine Weise kleidest oder präsentierst, die dich anders erscheinen lässt (z.B. mit vielen Tattoos, übermäßigen Piercings, leuchtend blauen Haaren usw.), oder wenn du dich in sozialen Situationen unberechenbar, einzigartig und ungewöhnlich verhältst. Dennoch leidest du still unter schwerwiegenden Selbstzweifeln und sogar Selbsthass, da dir die positive Bestätigung fehlt, deine Einzigartigkeit und deinen Wert zu schätzen.

Andere Menschen verweisen auf diese Barriere durch ihr Verhalten, indem sie sich eingeschüchtert fühlen und nervös werden, wenn sie mit dir sprechen. Sie neigen dazu, dich auszugrenzen oder zu kritisieren, weil du nicht dem Mainstream folgst, und deine Meinungen und Beiträge als irrelevant oder unwürdig abzutun. Menschen fühlen sich möglicherweise von dir abgelehnt und wissen nicht, wie sie eine Verbindung zu dir herstellen oder zu deinem Wohl beitragen können.

Du nährst diese unsichtbare Barriere, indem du dich bewusst von der Mainstream-Gesellschaft abwendest und dich in Subkulturen engagierst oder trotzig gegen den Status quo lebst. Du zeigst oft wenig Freundlichkeit oder Zuvorkommenheit gegenüber denen, die traditioneller sind als du, und definierst dich eher durch das, wogegen du bist, als durch das, wofür du stehst. Möglicherweise siehst du dich selbst als Einzelgängerin und meidest den Kontakt zu anderen.

Tiefe Sehnsucht nach Zugehörigkeit

Die fünfte unsichtbare Barriere führt dazu, dass du Gemeinschaften oft ohne angemessenen Abschluss verlässt, was bei dir und anderen ein chronisches Gefühl von Verlust, Entfremdung und Trennung erzeugt. Du neigst dazu, Verbindungen leichtfertig abzubrechen, indem du dich nicht in Beziehungen investierst, in die du Zeit und Energie gesteckt hast, als ob sie nicht so wichtig wären. Dein Verlangen nach Zugehörigkeit ist stark, und du wartest darauf, dass andere dich einladen, teilzunehmen, während du tief verwirrt darüber bist, warum sie dich nicht sehen und einbeziehen. Konflikte bereiten dir Probleme, weshalb du Beziehungen oft beendest, wenn Auseinandersetzungen auftreten, oder dich zurückziehst, um eine Vertiefung der Beziehung zu vermeiden. Auffällig ist auch, dass du dich oft am Rand von Gruppen und Gemeinschaften aufhältst (z.B. kommst du spät und gehst früh, beteiligst dich selten oder gar nicht freiwillig an Aktivitäten oder Diensten usw.). Du schaffst Gemeinschaften nur unter deinen eigenen Bedingungen – in der Regel als Führungskraft und nicht als Mitglied. Du fühlst dich chronisch unterdrückt und unverwirklicht, verstärkt durch das Gefühl, fehl am Platz zu sein und von Gruppen und Gemeinschaften von Menschen abgekoppelt und ausgeschlossen zu sein. Innerlich fühlst du dich in fast jeder Umgebung, in die du kommst, nicht willkommen und gehst davon aus, dass deine Anwesenheit nicht wirklich erwünscht und/oder geschätzt wird.

Andere Menschen spiegeln dir unbewusst diese Barriere wider, indem sie vergessen, dich einzubeziehen oder annehmen, dass du nicht interessiert bist, dich zu beteiligen. Sie könnten dich als unzugänglich und schwer kennenzulernen empfinden und das Gefühl haben, dass du in dich gekehrt bist. Möglicherweise fühlen sie sich von dir abgestoßen und suchen nicht deine Nähe, behandeln dich manchmal sogar, als wärst du unsichtbar. Es würde sie überraschen zu erfahren, wie sehr du dir wünschst, in das, was sie tun, einbezogen zu werden. Du nimmst an, dass du die grundlegenden Regeln des Austauschs in einer entsprechenden Kultur oder Gemeinschaft kennst, und bist überrascht, verwirrt und möglicherweise sogar abgeneigt, wenn dem nicht so ist.

Dein Beitrag zu dieser Barriere besteht unter anderem darin, dass du selten Mitglied von etwas wirst, und wenn doch, beteiligst du dich nicht viel an Gemeinschafts- oder Gruppenaktivitäten. Deine wahren Gaben und Talente behältst du für dich, als wären sie unbedeutend oder nicht von der Gruppe benötigt. Oft vernachlässigst du es, die Namen von Menschen in deinen Gemeinschaften zu lernen, da du davon ausgehst, dass es sowieso nur vorübergehend sein wird. Durch häufiges Zuspätkommen und frühes Gehen meidest du weitere Beziehungen und Einladungen zur Teilnahme. Du schaffst keine angemessenen Strukturen, die dir helfen würden, deine Gaben und Talente auf eine Weise in die Welt zu bringen, die es anderen ermöglichen würde, sie zu empfangen und zu schätzen. Zusätzlich verpasst du es oft, dich inhaltlich auf das Geschehen in der Umgebung zu beziehen, bemerkst nicht die grundlegenden Bezugsrahmen und bist daher oft nicht im Einklang mit denen, mit denen du zusammen bist (z.B. verstehst du den Zweck des Treffens nicht, verpasst wichtige Informationen, um das Gespräch angemessen zu führen oder bist verwirrt über grundlegende Abläufe einer Zusammenkunft, Veranstaltung, usw.).

Ein Spickzettel für Führungsfrauen

Kannst du dich in einer der fünf Barrieren wiedererkennen? Darüber hinaus gibt es weitere Verhaltensweisen, durch die sich weibliche Führungskräfte das Leben unnötig schwer machen. Deshalb möchte ich dir einige wertvolle Hinweise mitgeben, die einen enormen Unterschied für dich machen können. Diese Hinweise betreffen die Zusammenarbeit mit männlichen Führungskräften, Team- oder Vorstandsmitgliedern.
Dazu habe ich eine Anzahl von männlichen Führungskräften befragt und festgehalten, was Führungsfrauen aus ihrer Sicht vermeiden sollten bzw. was die Zusammenarbeit unnötig strapaziert. Alle befragten Männer sind der Meinung, dass dringend mehr weibliche Führungskräfte benötigt werden. Betrachte dies also nicht als Kritik oder Bevormundung, sondern als eine Art Spickzettel, der dir ermöglicht, deine männlichen Kollegen besser einzuschätzen und darauf zu reagieren.

Vermeide übertriebene Dominanz

Härte und Dominanz sind keine geeigneten Mittel, um sich in einer männlich dominierten Umgebung zu behaupten, da sie von den befragten Männern als unauthentisch wahrgenommen werden. Ich verstehe dein Dilemma, denn du möchtest weder schwach wirken noch nicht ernst genommen werden. Aus Sicht der Männer ruft übertriebene Härte oft Skepsis hervor, was zu fehlender Offenheit und Zurückhaltung führen kann. Du erlebst das möglicherweise als abwartende Haltung, die leicht missverstanden werden kann. In Wirklichkeit stellt sie jedoch eine gesunde Abgrenzung dar, denn niemand möchte dominiert oder kontrolliert werden. Mit Härte und Dominanz begibst du dich in einen Kampf, den du niemals gewinnen kannst, da du Einfluss einbüßt. Das Gegenteil von Härte ist nicht Schwäche, sondern Empathie, Gelassenheit und Selbstvertrauen. Ich sage gerne: „Härte steht keiner Frau."

Vermeide Konkurrenzkämpfe

Etwas, was alle Befragten auf unterschiedliche Weise beobachtet haben, ist, dass viele weibliche Führungskräfte dazu neigen, männlicher zu sein als jeder Mann. Diese „Vermännlichung" äußert sich oft durch einen verbissenen Konkurrenzkampf. Männer sind dafür bekannt, dass sie sich gerne miteinander messen, aber selten geht es dabei um echte Konkurrenz. Rivalität spiegelt, ähnlich wie übermäßige Härte und Dominanz, ein Gefühl von Unterlegenheit wider. Die

Konsequenz ist ein ungesunder Vergleich und das Verlangen, sich ständig beweisen zu müssen. Wenn du dich als Führungskraft auf diese Weise behauptest, befindest du dich auf einem sehr gefährlichen Weg. Dieser Konkurrenzkampf wird unbewusst auch durch den immer lauter werdenden Ruf nach Geschlechtergleichstellung genährt. Chancengleichheit, gleiche Rechte, Löhne und Wertschätzung für Mann und Frau sind wichtig, aber Geschlechtergleichstellung im Sinne von absoluter Gleichheit ist irreführend, da es immer Unterschiede zwischen Männern und Frauen geben wird. Miss dich nicht mit der Männerwelt, sondern entwickle deine einzigartigen Stärken als Frau, denn die Führungsebene profitiert nicht von Konformität, sondern von Vielfalt. Sie besteht bereits aus genügend Männern, sodass sie keine „vermännlichten" Frauen braucht!

Vermeide bissige Konfrontation

Ein Konfrontationskurs hat wenig mit effektivem Leadership zu tun und bremst laut Erfahrungen der befragten männlichen Führungskräfte stark aus. Namentlich geht es um „Alpha-Tier-Gehabe" sowie konfrontatives und bissiges Verhalten, das sie bei ihren weiblichen Führungskolleginnen oft erleben. Scharfe, pointierte Formulierungen treffen selbst gestandene Führungskräfte ins Herz, und wenige wissen richtig damit umzugehen. Druck löst Gegendruck aus, oder in diesem Fall Konflikte. Obwohl Frauen in der Regel ein harmonisches Miteinander bevorzugen, verwechseln viele Führungsfrauen unbewusst und ungewollt Konfrontation mit Leadership. Dadurch entfernen sie sich immer weiter von ihren natürlichen Führungsfähigkeiten.

Das Vermeiden von Konflikten bedeutet nicht, dass du alles in dich hineinfrisst oder stillschweigend zuschaust. Es ist eine wichtige Aufgabe einer Führungskraft, Missstände anzusprechen. Allerdings macht der Ton die Musik. Stelle Fragen, statt zu konfrontieren, und achte dabei auf die Art und Weise, wie du sie stellst, denn bissige und scharfe Formulierungen werden bekanntlich gerne als konfrontativ empfunden.

Vermeide hierarchieabhängige Kooperation

Ein weiterer roter Faden, der sich durch die Antworten der Befragten zieht, ist, dass weibliche Führungskräfte ihre natürliche Kooperationsbereitschaft von der Hierarchie abhängig machen. Mit anderen Worten, sie kooperieren lieber mit Kollegen und Kolleginnen, die sich auf der Erfolgsleiter über ihnen befinden. Auch dieses Verhalten pflegt keine Führungsfrau bewusst, sondern demonstriert damit unbewusst Macht. Unter diesem Machtspiel leidet jedoch schließlich die Betroffene selbst, denn wenn sie nur Inputs von oben annimmt, untergräbt sie den Einfluss und das Vertrauen innerhalb ihrer Mannschaft. Kooperation unabhängig von der Hierarchie ist der Schlüssel, um selbst auf Augenhöhe wahrgenommen und behandelt zu werden. Darüber hinaus kannst du mit deiner natürlichen Kooperationsfähigkeit Berge in und mit deinem Team versetzen.

Vermeide Überheblichkeit

Überheblichkeit in Verbindung mit Unnahbarkeit ist ein weiterer häufig gewählter Weg, den weibliche Führungskräfte gemäß den Erfahrungen der Befragten einschlagen, um nicht als schwach zu gelten. Überheblich und unnahbar zu sein bedeutet, dass andere Menschen unterdrückt und abgelehnt werden. Dabei spielt es keine Rolle, ob die Unterdrückung und Ablehnung öffentlich oder nur im Geist erfolgt – die Konsequenzen sind die gleichen: Wenn wir uns über jemanden erheben, werden auch wir fallen. Überheblichkeit und Unnahbarkeit sind beides Anzeichen innerer Unsicherheit. Wahre innere Stärke und Sicherheit erlangst du nicht, indem du dich über andere stellst oder einen Graben um dich ziehst, denn damit machst du dich nur umso verletzlicher. Du bist gut genug, also zeige dich verletzlich. Das macht dich nicht nur menschlich, sondern auch überzeugender, ohne dich verbiegen zu müssen.

Vermeide kämpferische Vermännlichung

Dieser Punkt trifft viele weibliche Führungskräfte überraschend und schmerzlich. Keine Frau, die eine Führungsposition anstrebt, entscheidet sich dafür, ihre Weiblichkeit an den Nagel zu hängen. Dennoch tun es viele von ihnen unbewusst, da sie oft nur zwei Wege erkennen können: den Weg der Weichheit und den Weg der Härte. Diese Vermännlichung führt zwangsläufig zu einem inneren Konflikt, der sich später auch im äußeren Umfeld manifestiert. Um in diesem Kampf zu bestehen, greift eine Führungsfrau verstärkt auf Härte, Dominanz und Kontrolle zurück. Das mag zunächst übertrieben klingen, aber betroffene weibliche Führungskräfte kennen die Last dieser inneren Zerrissenheit nur zu gut: Ein Teil von ihnen möchte ihre Weiblichkeit bewahren, während ein anderer Teil sich um keinen Preis unterkriegen lassen will. Letzterer glaubt irrtümlicherweise, dass dies nur durch die Unterdrückung der Weiblichkeit - sprich Dominanz und Härte - erreicht werden kann. Dabei steht erwachte Weiblichkeit keineswegs für Schwäche. Im Gegenteil verkörpert sie eine unglaubliche, sanfte und mitreißende Stärke, die im Leadership dringend benötigt wird.

Die latente Angst, unterzugehen und nicht ernst genommen zu werden, lässt dir wenig Spielraum. Somit wächst die innere Überzeugung, dass die Erfolgschancen umso größer sind, je mehr du dich von deiner weiblichen Natur entfremdest. Es handelt sich um einen schleichenden Prozess, der von stillen Erwartungen, frühkindlichen Prägungen und Erfahrungen dominiert wird.

Du bist eine geborene Leaderin

Leadership hat weder etwas mit einem Kampf zu tun noch basiert es auf Härte, Dominanz, Überheblichkeit oder Kontrolle. Das gilt natürlich nicht nur für Frauen in Führungspositionen. Ob Mann oder Frau, die genannten Verhaltensweisen wirken sich sowohl auf den Umgang mit Kollegen als auch Kolleginnen negativ aus.

Hervorragendes Leadership bezieht sich viel mehr auf Kooperation, Empathie, Vision, Ermutigen, Ermächtigen, Inspirieren, Loslassen und Vertrauen. Jeder Mann und jede Frau tragen sowohl männliche als auch weibliche Energien in sich. Lerne, diese bewusst und geschickt einzusetzen. Mach deine weibliche Natur zum Zentrum deiner Leadership-Rolle und bleibe flexibel. Durch deine Intuition wirst du spüren, wann mehr von der weiblichen oder männlichen Energie benötigt wird. Als Frau trägst du alle Anlagen für hervorragendes Leadership in dir. Wenn du den Weg der Vermännlichung wählst, lässt du diese Potenziale verkümmern. Indem du deiner Weiblichkeit treu bleibst, sorgst du dafür, dass sie gedeihen. Darum vermeide:

- Übertriebene Dominanz
- Konkurrenzkämpfe
- Bissige Konfrontation
- Hierarchieabhängige Kooperation
- Überheblichkeit
- Kämpferische Vermännlichung

Das Aufdecken der Barrieren ist der Schlüssel

Die Wahrscheinlichkeit, dass mindestens eine der 21 unsichtbaren Barrieren dich daran hindert, dein volles Potenzial zu entfalten, ist äußerst hoch und völlig normal. Selbst wenn du dir nicht sicher bist, welche Barrieren genau dich bremsen, hast du sicherlich erkannt, wie umfassend sich unsichtbare Barrieren auf dein berufliches und persönliches Leben auswirken können. Es ist wichtig zu verstehen, dass langanhaltende Veränderungen nur möglich sind, wenn diese unsichtbaren Barrieren aufgedeckt werden und so der Weg für eine neue Vision geebnet wird.

Ohne diese „innere Arbeit“ gleicht jeder Veränderungsversuch einer verbissenen Anstrengung, die höchstens vorübergehende und wenig befriedigende Ergebnisse hervorbringt. Stell dir vor, du stehst vor einem Spiegel und betrachtest dein Spiegelbild. Dabei störst du dich an deinem grünen Kleid. Anstatt es zu wechseln, beginnst du jedoch, dein Spiegelbild rot zu überpinseln. Deine Anstrengungen haben wahrscheinlich nicht weniger Energie und Zeit gekostet als das Umziehen, aber die Ergebnisse unterscheiden sich wesentlich voneinander.

Wenn du nicht länger das Spiegelbild überstreichen möchtest, indem du dich mit kurzfristigen und geringfügigen Entwicklungen zufrieden gibst, dann solltest du unbedingt deine unsichtbaren Barrieren offenlegen und überwinden!

Kapitel-Highlights:

Du weißt, wie wichtig es ist, sich der 21 unsichtbaren Barrieren bewusst zu werden, die den Erfolg in der Karriere und anderen Lebensbereichen behindern können. Diese Barrieren basieren auf tief verwurzelten Überzeugungen und Verhaltensweisen, die oft unerkannt bleiben und den Fortschritt erschweren.

Wir haben fünf unsichtbare Barrieren identifiziert, die sich negativ auf deine Führung auswirken können: Schwierigkeiten beim Ausdruck von Bedürfnissen und Angst vor Ablehnung, Einschränkung des persönlichen Wachstums sowie Übernahme der Machtposition und mangelnde Entwicklung von Führungsfähigkeiten, Unzuverlässigkeit, Unorganisiertheit und mangelnde Selbstverwaltung, das Gefühl der Andersartigkeit, Selbstzweifel und Abgrenzung von der Mainstream-Gesellschaft, und schließlich Schwierigkeiten, Verbindungen aufrechtzuerhalten, ein Gefühl der Entfremdung und der Wunsch nach Zugehörigkeit.

Es gibt weitere Verhaltensweisen, durch die sich weibliche Führungskräfte das Leben unnötig schwer machen und die du lieber vermeidest. Sie haben sich aus Befragungen von männlichen Führungskräften herauskristallisiert und bilden eine Art Spickzettel für Frauen in Führungspositionen.

Statt Härte und Dominanz zu zeigen, setze auf Empathie, Gelassenheit und Selbstvertrauen. Vermeide unnötigen Wettbewerb und entwickle deine einzigartigen

Stärken als Frau. Stelle Fragen, anstatt zu konfrontieren, und achte auf einen respektvollen Kommunikationsstil. Kooperiere unabhängig von der Hierarchie, um auf Augenhöhe wahrgenommen und behandelt zu werden. Zeige Verletzlichkeit und bleibe zugänglich, anstatt überheblich und unnahbar zu wirken. Bewahre deine Weiblichkeit und nutze sowohl männliche als auch weibliche Energien in deiner Leadership-Rolle.

Das Aufdecken dieser unsichtbaren Barrieren und die Anpassung deines Verhaltens sind entscheidend für langfristige Veränderungen und Erfüllung in deiner Führungsrolle und darüber hinaus.

Deine Notizen, Erkenntnisse, Fragen:

Kapitel 6

Perspektivenwechsel

Bahnbrechende neue Perspektiven

Die Geschichte der Wright-Brüder, Orville und Wilbur Wright, ist ein faszinierendes Beispiel für Innovation, Hartnäckigkeit und bahnbrechende Errungenschaften, die das scheinbar Unmögliche möglich machten. In den frühen 1900er Jahren, einer Zeit, in der das Fliegen als unmöglich galt, begannen die Wright-Brüder in Dayton, Ohio, ihre Vision zu verfolgen, den Traum vom Fliegen zu verwirklichen. Die Brüder Wright nahmen eine andere Perspektive ein und betrachteten das Problem des Fliegens aus ingenieurtechnischer Sicht. Sie studierten die Flugmuster von Vögeln, experimentierten mit verschiedenen Flügelkonstruktionen und nutzten die Profilierung der Tragflächen, um Auftrieb zu erzeugen. Im Jahr 1901 erklärte Wilbur Wright nach einigen enttäuschenden Experimenten mit ihren frühen Gleitern: „Der Mensch wird für 50 Jahre nicht fliegen."

Doch nur zwei Jahre später schrieben die Wright-Brüder Geschichte. Schließlich, am 17. Dezember 1903, gelang den Wright-Brüdern auf den Sanddünen von Kitty Hawk, North Carolina, ein bahnbrechender Moment. Orville Wright führte den ersten motorisierten Flug in einem selbstgebauten Flugzeug namens "Flyer I" durch. Der Flug dauerte nur 12 Sekunden und legte eine Strecke von 37 Metern zurück, markierte jedoch einen historischen Meilenstein, indem der Mensch zum ersten Mal in einem motorisierten Flugzeug flog. Obwohl einige Historiker darüber streiten, ob der erste kontrollierte Flug nicht doch Alberto Santos-Dumont oder sogar Gustave Whitehead zuzuschreiben sei, überwand dieser Flug die bisherigen Vorstellungen darüber, was möglich war. Trotz des Fluges der Wright-Brüder waren einige immer noch davon überzeugt, dass schwere Maschinen nicht in der Lage sein würden, vom Boden abzuheben und in der Luft zu bleiben.

Die Überquerung des Atlantiks galt lange Zeit als eines der ultimativen Abenteuer und technischen Herausforderungen in der Luftfahrtgeschichte. 1919 gelang es den Briten John Alcock und Arthur Brown erstmals, in einem zweimotorigen umgebauten Bomber, der Vickers Vimy, nonstop von Neufundland nach Irland zu fliegen. Trotz ihrer Pionierleistung sind ihre Namen heute kaum bekannt. Im Gegensatz dazu wurde Lindbergh zu einem Superstar. Charles Lindbergh war nicht der Erste, der den Atlantik überflog, auch nicht der Erste ohne Zwischenstopps, aber er flog allein – eine Leistung, die einen ungeheuren Eindruck hinterließ. Zu einem Zeitpunkt, als die Medien bereit waren für den ersten großen Hype, war Lindbergh wie geschaffen für die Rolle des Helden.

Trotz der tödlichen Unfälle von sechs Konkurrenten vor seinem Flug traute man ihm den Erfolg am wenigsten zu. Der fünfundzwanzigjährige Berufspilot und Reserveoffizier der Luftwaffe wollte als einziger allein fliegen, und zwar nicht mit einer modernen, dreimotorigen Maschine, sondern mit einer kleinen Kiste mit nur einem Motor. Lindbergh kämpfte mit Eisregen, Sturmwolken und Müdigkeit, doch er schaffte das scheinbar Unmögliche: Charles Lindbergh benötigte für seine historische Überquerung des Atlantiks von New York nach Paris im Mai 1927 insgesamt etwa 33 Stunden und 30 Minuten.

Groß, blond und wortkarg, war er perfekt geeignet für die Rolle des amerikanischen Helden. Ihm wurden Werbeverträge und Filmrollen angeboten, aber Lindbergh wollte eine Mission erfüllen: Der Fortschritt machte die kommerzielle Nutzung der Luftfahrt möglich, und dafür war Kapital und Infrastruktur nötig. Aber wenige sahen die Chancen, die Fliegerei galt noch als Spektakel, statt als praktisches Transportmittel der Zukunft. Lindbergh ging auf eine große Werbetour durch die Vereinigten Staaten. „Keine Lindbergh-Geschichten mehr, es sei denn, er stürzt ab", soll ein entnervter Redakteur befohlen haben. Doch plötzlich wollte alle Welt fliegen. Städte legten Flugplätze an, Investoren überschütteten Fluglinien und Flugzeugbauer mit Geld. Dies war nur der Anfang einer neuen Ära der Luftfahrt. Später, im Jahr 1933, nach dem Jungfernflug des weltweit ersten modernen Passagierflugzeugs - der 10-sitzigen Boeing 247 - soll ein Ingenieur behauptet haben: „Es wird niemals ein größeres Flugzeug geben."

Früher galten viele Dinge als unlogisch, die heutzutage als völlig normal betrachtet werden. Ein ikonisches Beispiel neben der Fliegerei ist das Weltbild vor Galileo Galilei. Zu seiner Zeit herrschte die Vorstellung vor, dass die Erde das Zentrum des Universums sei und die Sonne sich um sie herum bewege. Galilei stellte diese Vorstellung infrage, indem er den Himmel mit einem Fernrohr beobachtete und Beweise für das heliozentrische Modell lieferte. Seine Erkenntnisse revolutionierten das Verständnis des Universums.

10 unlogische Errungenschaften

Die Glühbirne von Thomas Edison gilt als eine der bedeutendsten Erfindungen des 19. Jahrhunderts in Amerika. Edison erhielt allein in den USA 1.093 Patente, und seine Glühbirne war eine seiner bekanntesten und einflussreichsten Kreationen. Im Gegensatz zu früheren Experimenten mit Glühlampen bot seine Glühbirne eine zuverlässige und erschwingliche Beleuchtungslösung, die lang genug brannte, um praktisch nutzbar zu sein. Doch statt begeistert über die Aussicht auf erschwinglichen Strom in jedem Zuhause zu sein, wurde die Glühbirne von Edison verächtlich aufgenommen: Der Wissenschaftler Henry Morton vom Stevens Institute of Technology prophezeite, die Erfindung werde „ein auffälliger Misserfolg" sein, und ein britisches Parlamentskomitee kam zu dem Schluss, die Glühbirne sei „gut genug für unsere transatlantischen Freunde ... aber unwürdig der Aufmerksamkeit praktischer oder wissenschaftlicher Männer."

Es scheint, als hätte Thomas Edison wenig von seinen eigenen Kritikern gelernt und war tatsächlich ein Kritiker einer der heute am weitesten verbreiteten Erfindungen. Edison befürwortete Gleichstromsysteme und verspottete häufig das Modell von Nikola Tesla für Wechselstrom, obwohl es eine effizientere und praktischere Methode zur Stromversorgung war. Ende des 19. Jahrhunderts war der amerikanische Erfinder und

Unternehmer George Westinghouse - der Teslas Patent erworben hatte und ein großer Konkurrent von Edison war - Ziel von ausgewählten Sticheleien, einschließlich der wild ungenauen Vorhersage von Edison, dass „Herumspielen mit Wechselstrom nur Zeitverschwendung sei. Niemand werde es jemals nutzen."

Im Jahr 1876 erhielt der schottischstämmige Alexander Graham Bell das erste Patent für das Telefon, was ihn zu einem bedeutenden Erfinder und dem „Vater der modernen Kommunikation" machte. Anschließend begann er, seine Erfindung zu vermarkten. Bell trat an das amerikanische Kommunikationsunternehmen Western Union heran und bot ihnen die Rechte an seinem Patent für 100.000 Dollar an. Die Führungskräfte des Unternehmens lehnten jedoch ab und bezeichneten das Gerät als „kaum mehr als ein Spielzeug". Ungeachtet dessen gründete Bell 1877 die Bell Telephone Company, und weniger als ein Jahrzehnt später waren in den USA über 150.000 Menschen stolze Besitzer von Telefonen.

Im Jahr 2013 schätzte TV Technology, dass weltweit mehr als 1,4 Milliarden Haushalte mindestens einen Fernseher besaßen - ein Phänomen, das in den Anfangstagen des Fernsehens von Kritikern belächelt worden wäre. Im Jahr 1926, ein Jahr nachdem der schottische Erfinder John Logie Baird in London die erste öffentliche Demonstration eines funktionierenden Fernsehers gegeben hatte, erklärte der amerikanische Radio-Pionier Lee De Forest das Gerät für eine kommerzielle und finanzielle Unmöglichkeit und bezeichnete es als „eine Entwicklung, über die es wenig lohnt zu träumen“. 20 Jahre später waren die Menschen immer noch nicht überzeugt, und der Filmproduzent Darryl Zanuck erklärte 1946, dass „die Menschen bald müde werden, jeden Abend auf eine Sperrholzkiste zu starren.”

Im Jahr 1899 äußerte das Magazin The Literary Digest folgende Meinung über Automobile: „Das gewöhnliche ‚pferdelose Fahrzeug‘ ist derzeit ein Luxus für die Reichen; und obwohl sein Preis in Zukunft wahrscheinlich fallen wird, wird es natürlich niemals so häufig verwendet werden wie das Fahrrad.“ Vier Jahre später wurde der Detroit-Anwalt Horace Rackham vom Präsidenten der Michigan Savings Bank beraten, dass „das Pferd bleiben wird, aber das Auto nur eine Neuheit - eine Modeerscheinung - ist“, bevor er Aktien der Ford Motor Company von Henry Ford kaufte. Zum Glück ignorierte Rackham diesen Rat und im Jahr 1908 entwarf die Ford Motor Company das Automodell T, das bis 1918 die Hälfte aller Autos in Amerika ausmachen würde.

Das Leben ohne Computer ist heute praktisch unvorstellbar, aber im Jahr 1949 - ein Jahr nachdem der weltweit erste gespeicherte Programmcomputer, die Small-Scale Experimental Machine, in Manchester, England, debütierte - erklärte ein ungarisch-amerikanischer Mathematiker: „Wir haben die Grenze dessen erreicht, was mit Computertechnologie möglich ist.“ Selbst als die Fähigkeiten und Funktionen von Computern wuchsen, hatte das mittlerweile allgegenwärtige Gerät seine Kritiker, darunter Ken Olson - Gründer des Computerunternehmens Digital Equipment Corp -, der 1977 sagte: „Es gibt keinen Grund, warum jemand einen Computer zu Hause haben wollen würde“, obwohl bis 2012 fast 80 % aller amerikanischen Haushalte einen Computer besaßen.

Das Online-Shopping macht Schluss mit dem Ärger über Menschenmassen und scheinbar endlose Warteschlangen. Mit nur einem schnellen Klick kann praktisch alles bequem zu unserer Tür geliefert werden. Laut Statistiken aus dem Jahr 2021 haben die Ausgaben für Online-Einkäufe weltweit weiter zugenommen. Im Jahr 2020 betrugen die Online-Einzelhandelsumsätze allein in den USA rund 791,7 Milliarden US-Dollar und stiegen im Jahr 2021 auf schätzungsweise über 933,3 Milliarden US-Dollar an. Doch im Jahr 1966 schien die Idee zumindest für das Time-Magazin zum Scheitern verurteilt zu sein. In einem Artikel mit dem Titel „Die Futuristen: Blick auf das Jahr 2000“ behauptete das Magazin: „Fernabsatz, obwohl völlig machbar, wird scheitern - weil Frauen gerne aus dem Haus gehen, gerne Ware anfassen und gerne ihre Meinung ändern können.”

Angesichts der frühen Reaktionen auf das bescheidene Festnetztelefon ist es vielleicht nicht überraschend, dass die Menschen das Potenzial eines leicht transportierbaren und unterwegs nutzbaren Telefons – abgesehen von den lächerlich großen Mobiltelefonen, die in den 1980er Jahren populär wurden – nicht vorausahnen konnten. Selbst der Mobiltelefon-Pionier Motorola erkannte sein eigenes Potenzial nicht: Im Jahr

1981 erklärte der damalige Forschungsdirektor von Motorola, Marty Cooper, der erst acht Jahre zuvor den weltweit ersten Handy-Anruf getätigt hatte, dass „Mobiltelefone lokale Kabelsysteme absolut nicht ersetzen werden. Selbst wenn man es über unsere Lebenszeit hinaus projiziert, wird es nicht billig genug sein."

In der Welt der künstlichen Intelligenz (KI) gab es früher die Vorstellung, dass Maschinen niemals menschenähnliches Denken oder Verhalten nachahmen könnten. Doch heute sehen wir, dass KI-Systeme komplexe Aufgaben lösen können, von der Bilderkennung bis hin zur Sprachverarbeitung, auf einem Niveau, das früher undenkbar schien. Darüber hinaus sind diese KI-Systeme sogar in der Lage, Humor zu verstehen und emotionale Nuancen zu erfassen, was einen erstaunlichen Fortschritt darstellt.

Eigentlich wollte er an jenem Tag im Mai 1954 gar nicht laufen. Roger Bannister hatte am Vormittag gearbeitet, außerdem blies der Wind stark. Dann startete er doch – und stellte einen magischen Weltrekord auf. Bis 1954 galt es in der Sportwelt als unmöglich, eine Meile (1.609 Meter) in weniger als vier Minuten zu laufen. Viele Sportler hatten versucht, diese Grenze zu überwinden und waren gescheitert. Mediziner nahmen an, dass ein Mensch unter dem Druck kollabieren müsse, würde er diese Schallmauer durchbrechen. Roger Bannister aber glaubte daran, das Unmögliche möglich zu machen, und lief als Erster die Meile in einer Zeit von weniger als vier Minuten. Weniger als zwei Monate nach Bannisters historischem Lauf brach der australische Läufer John Landy ebenfalls die Vier-Minuten-Barriere. Der aktuelle Weltrekord (Stand 2024) über eine Meile beträgt 3:43,13 Minuten und wurde von Hsh Almin Wahid Al-Shammari aus Katar am 3. Mai 2024 in Doha, Katar, aufgestellt.

Erfinderische Frauen

Nicht nur Männer, sondern auch zahlreiche brillante Frauen haben mit ihren Erfindungen große Durchbrüche erzielt und bestehende Paradigmen verändert.

Die erste Autoheizung wurde 1893 von Margaret A. Wilcox erfunden. Sie entwickelte ein System, das Luft von den Motoren der Autos in die Innenräume leiten konnte, um diese zu erwärmen. Wohnungsbrände waren weitaus tödlicher, bevor Anna Connelly 1887 eine externe Metalltreppe, den allerersten Feuertreppenturm, erfand. Hedy Lamarr war eine in Österreich geborene amerikanische Schauspielerin, Erfinderin und Filmproduzentin. Laut einer neuen Dokumentation über ihr Leben mit dem Titel „Bombshell: The Hedy Lamarr Story“ reichte Lamarr 1941 ein Patent für eine Frequenzsprungtechnologie ein, die ein Vorläufer der sicheren Wi-Fi-, GPS- und Bluetooth-Technologien wurde, die heute von Milliarden Menschen weltweit genutzt werden. 1986 erfand Patricia Bath die Laser-Katarakt-Operation, die es Ärzten ermöglicht, Katarakte schnell und schmerzlos aufzulösen, bevor neue Linsen in die Augen der Patienten eingesetzt werden. Diese Technologie wird weltweit verwendet, um Blindheit durch Katarakte zu verhindern.

Ada Lovelace, deren Vater Lord Byron war, wurde von ihrer wissenschaftlich orientierten Mutter von klein auf ermutigt, eine Vorreiterin der Mathematik zu werden. Während sie die Notizen des Mathematikprofessors Charles Babbage zu seiner theoretischen Erfindung der analytischen Maschine übersetzte, fügte Lovelace eigene Anmerkungen hinzu und verdreifachte so den ursprünglichen Text. Sie gilt als die Verfasserin des ersten Computeralgorithmus der Welt. Marie Van Brittan Brown wird die Erfindung des ersten Heimsicherheitssystems zugeschrieben. Sie erfand das System 1966 zusammen mit ihrem Ehemann Albert Brown, um ihre Bedenken bezüglich der Sicherheit in ihrer Nachbarschaft zu adressieren. Die Chemikerin Stephanie Kwolek erfand die superstarke Kevlar-Faser, die unter anderem zur Herstellung von kugelsicheren Westen verwendet wird. Dr. Grace Murray Hopper, eine Konteradmiralin der US-Marine, war auch Informatikerin und erfand COBOL - das erste benutzerfreundliche Business-Computer-Softwareprogramm. Dr. Grace Murray Hopper war auch die erste, die den Begriff „Bug" verwendete, um eine Störung in einem Computersystem zu beschreiben.

Tabitha Babbitt soll die erste Kreissäge für den Einsatz in einer Sägemühle in der ersten Hälfte der 1810er Jahre erfunden haben. Mary Anderson wird die Erfindung des ersten funktionalen Scheibenwischers im Jahr 1903 zugeschrieben. Katharine Burr Blodgett war eine brillante Chemikerin. Sie erfand nicht reflektierendes Glas, indem sie beide Seiten einer Glasscheibe mit Schichten von Filmen überzog. Dieses Glas wird in

Brillen, Kameraobjektiven und Teleskopen verwendet. Melitta Bentz war eine deutsche Unternehmerin, die den Kaffeefilter erfand und die Firma Melitta gründete, die bis heute Kaffee, Kaffeefilter und Kaffeemaschinen verkauft. Nancy Johnson erfand 1843 den Speiseeisbereiter und patentierte ein Design, das bis heute verwendet wird.

Diese Beispiele historischer Durchbrüche zeigen deutlich, wie sich im Laufe der Zeit unser Verständnis von dem, was logisch oder unmöglich ist, verändert hat. Technologische Fortschritte, wissenschaftliche Entdeckungen, Erfindungen und sportliche Bestleistungen haben dazu beigetragen, dass Dinge, die früher als undenkbar galten, heute Realität sind. Doch diese Entwicklung verdeutlicht auch, dass unsere Wahrnehmung von Logik und Unmöglichkeit stark von tief verwurzelten Gewohnheiten und Überzeugungen geprägt ist – sowohl über uns selbst als auch über die Welt um uns herum.

Kapitel-Highlights:

Historische Durchbrüche verdeutlichen, dass scheinbar Unmögliches durch Innovationsgeist und Hartnäckigkeit überwunden werden kann. Erfinderinnen wie Hedy Lamarr und Katharine Burr Blodgett haben wichtige Fortschritte erzielt, die unsere Wahrnehmung von Logik und Unmöglichkeit herausfordern. Technologische Meilensteine wie der erste motorisierte Flug der Wright-Brüder, wissenschaftliche Entdeckungen und Erfindungen wie die des Automobils oder der Glühbirne sowie sportliche Bestleistungen wie Bannisters Vierminutenmeile haben Dinge, die einst undenkbar schienen, zur Realität gemacht. Unsere Sichtweise wird oft von tief verwurzelten Gewohnheiten und Überzeugungen beeinflusst, die es zu hinterfragen gilt.

Deine Notizen, Erkenntnisse, Fragen:

Kapitel 7

Über die Führungsebene hinaus

Scheinbar schwer überwindbare Hindernisse

Ein Beispiel dafür, wie Gewohnheiten und Überzeugungen das gesellschaftliche Leben prägen, findet sich in den aktuellen Quoten von Frauen in Führungspositionen. Im Jahr 2023 betrug der Anteil der Frauen in den Vorständen der 100 größten deutschen Unternehmen 19,4 Prozent[5], und der Anteil der Frauen in den Aufsichts- bzw. Verwaltungsräten der 200 größten deutschen Unternehmen lag bei 31,6 Prozent.[6] Hinsichtlich des Frauenanteils in Führungspositionen in der EU (Stand 2022) positionierte sich Deutschland mit einem Anteil von 29,2 Prozent weiblicher Führungskräfte klar unter dem EU-Durchschnitt. In der Schweiz unterscheiden sich die Zahlen nicht wesentlich. Im Jahr 2023 waren in Schweizer Unternehmen lediglich 22 Prozent der Führungspositionen im Top-Management mit Frauen besetzt. Auf der mittleren Managementebene betrug der Anteil der Frauen in Führungspositionen 24 Prozent.[7]

Angesichts dieser ernüchternden Zahlen und der vielen Hindernisse auf dem Weg zur Parität erscheint dieser Weg lang und für viele unüberwindbar. Doch ähnlich wie frühere Generationen vor scheinbar unüberwindbaren Herausforderungen standen, bietet auch die heutige Zeit die Möglichkeit, bestehende Annahmen über Geschlechterrollen und Karrierechancen in Frage zu stellen und neue Wege und Möglichkeiten zu finden. Der rote Faden aller Errungenschaften und Erfindungen, die ich geteilt habe, ist die (unbewusste) Überzeugung, dass das scheinbar Unmögliche möglich gemacht werden kann. Mit dieser geistigen Erwartungshaltung kannst auch du deine Grenzen - dein begrenzendes Selbstbild - überwinden.

Festhalten am Gewohnten

Der Grund, warum du oft in alte Verhaltensmuster zurückfällst oder das Gewohnte nicht hinter dir lassen kannst, liegt oft darin, dass du an deinem bisherigen Selbstbild festhältst. Vielleicht siehst du dich selbst als „die Ängstliche“, „die unfair Behandelte“, „die Kämpferische“ oder „die Benachteiligte“. Dieses Festhalten ist eine Form der Rechthaberei, die oft auf Selbstzweifeln basiert („Ich traue es mir nicht zu.“). Es ist wichtig zu erkennen, dass dieses Festhalten an deinem bisherigen Selbstbild nicht grundlos geschieht. Tatsächlich ziehst du unbewusst und ungewollt einen großen Nutzen daraus. Auf ungesunde Weise erfüllst du dabei deine menschlichen Bedürfnisse. Ein verbindendes Konzept der Bedürfnispsychologie besagt, dass der Schlüssel zum Verständnis und zur Veränderung menschlichen Verhaltens in unserer Fähigkeit liegt, unsere sechs menschlichen Bedürfnisse zu verstehen und zu steuern.

Das Modell der sechs menschlichen Bedürfnisse, auf das wir uns beziehen werden, wurde von Tony Robbins und Cloé Madanes entwickelt. Diese sechs Bedürfnisse bilden den Antrieb für unser Verhalten und unsere Entscheidungen.

Sicherheit / Komfort:

Sicherheit und Komfort sind grundlegende menschliche Bedürfnisse, die uns ein Gefühl der Stabilität und Geborgenheit vermitteln. Wir alle streben danach, uns sicher zu fühlen, sei es durch ein sicheres Zuhause, einen stabilen Arbeitsplatz oder die Gewissheit, unsere grundlegenden Bedürfnisse erfüllen zu können. Diese Sicherheit ist jedoch für jeden von uns unterschiedlich definiert. Während einige Menschen sich bereits durch grundlegende Notwendigkeiten sicher fühlen, benötigen andere möglicherweise ein höheres Maß an Sicherheit, sei es finanziell, emotional oder sozial.

Unsicherheit / Vielfalt:

Der Wunsch nach Unsicherheit und Vielfalt ist ein weiteres grundlegendes menschliches Bedürfnis, das uns antreibt, uns lebendig und erfüllt zu fühlen. Jeder von uns sucht auf unterschiedliche Weise nach Herausforderungen und Abwechslung, sei es durch neue Erfahrungen, spontane Entscheidungen oder unerwartete Wendungen. Diese Vielfalt bringt Spannung und Aufregung in unser Leben und trägt dazu bei, dass wir uns lebendig und erfüllt fühlen.

Bedeutung:

Das Bedürfnis nach Bedeutung ist ein zentraler Aspekt des menschlichen Lebens. Jeder von uns möchte sich wichtig, gebraucht und gewollt fühlen. Dieses Bedürfnis nach Bedeutung zeigt sich in unserem Streben nach Anerkennung, Erfolg und Wertschätzung. Wir alle möchten das Gefühl haben, dass unsere Existenz einen Unterschied macht, sei es durch unsere Leistungen, Beziehungen oder unseren Beitrag zur Gesellschaft.

Liebe / Verbundenheit:

Die Sehnsucht nach Liebe und Verbundenheit ist ein grundlegendes menschliches Bedürfnis, das uns antreibt, uns mit anderen zu verbinden und geliebt zu werden. Jeder von uns strebt nach Nähe, Zugehörigkeit und zwischenmenschlichen Beziehungen, sei es durch Freundschaften, romantische Partnerschaften oder familiäre Bindungen. Die Erfahrung von Liebe und Verbundenheit verleiht unserem Leben Sinn und Erfüllung.

Wachstum:

Das Bedürfnis nach Wachstum ist ein wesentlicher Bestandteil des menschlichen Daseins. Wir alle streben danach, uns kontinuierlich zu entwickeln und zu wachsen, sei es emotional, intellektuell oder spirituell. Dieser Drang nach Wachstum führt uns dazu, neue Herausforderungen anzunehmen, uns weiterzubilden und uns persönlich weiterzuentwickeln. Durch Wachstum erfahren wir eine tiefere Erfüllung und Sinnhaftigkeit in unserem Leben.

Beitrag:

Das Bedürfnis nach Beitrag ist ein zentraler Aspekt unseres menschlichen Seins. Jeder von uns möchte das Gefühl haben, einen positiven Beitrag zu leisten und etwas Bedeutsames zu bewirken. Ob durch gemeinnützige Arbeit, altruistische Handlungen oder kreative Projekte - das Bedürfnis nach Beitrag motiviert uns dazu, über unsere eigenen Bedürfnisse hinauszugehen und anderen zu helfen. Indem wir einen Beitrag leisten, erfahren wir ein tiefes Gefühl der Befriedigung und Erfüllung.

Gesunde und ungesunde Wege

Jeder von uns hat dieselben sechs grundlegenden menschlichen Bedürfnisse. Doch wir alle finden unterschiedliche Wege, um diese Bedürfnisse zu erfüllen. Dabei gibt es positive und negative Wege, um sie zu befriedigen. Einige Methoden dienen unserem persönlichen Wohlbefinden, dem Wohl anderer und dem Gemeinwohl, während andere allen Beteiligten schaden können.

Das Bedürfnis nach Sicherheit kann auf verschiedene Arten erfüllt werden. Einige von uns suchen Sicherheit, indem sie eine Ausbildung anstreben und einen Abschluss machen, der ihnen gute Berufsaussichten bietet. Andere hingegen vermeiden jegliche Herausforderungen und streben nach Sicherheit, indem sie sich so wenig wie möglich anstrengen. Manche suchen Sicherheit, indem sie andere ausnutzen und ihr

Vermögen auf Kosten anderer anhäufen. Oder sie halten krampfhaft an starren Überzeugungen fest.

Das Bedürfnis nach Vielfalt und Unsicherheit kann durch verschiedene Aktivitäten erfüllt werden. Einige finden Abwechslung, indem sie neue Themen erforschen und neue Menschen kennenlernen. Andere suchen nach Vielfalt, indem sie sich extremen Sportarten hingeben oder riskantes Verhalten zeigen. Manche finden Vielfalt in außerehelichen Affären oder einfach in den kleinen Freuden des Lebens wie einem Filmabend.

Das Bedürfnis nach Bedeutung kann auf unterschiedliche Weise befriedigt werden. Einige fühlen sich bedeutend, indem sie in bestimmten Bereichen herausragende Leistungen erbringen - oder indem sie sich bewusst als schlechteste Person darstellen.

Das Bedürfnis nach Liebe und Verbundenheit kann durch liebevolle Taten und freundliches Verhalten erfüllt werden, oder indem wir andere dominieren und ihre Anerkennung erzwingen.

Wir können persönlich wachsen und uns verbessern - oder uns in eine destruktive Richtung bewegen.

Wir können zur Zerstörung anderer beitragen - oder zum Wohl vieler.

Manche dieser gesunden und ungesunden Wege mögen auf den ersten Blick greifbar sein, aber langfristig sind sie nicht tragfähig. Probleme jeglicher Art, insbesondere schwerwiegende oder scheinbar unlösbare Probleme, bieten eine verlockende Möglichkeit, die sechs menschlichen Bedürfnisse zu erfüllen, wenn auch auf ungesunde Weise.

Über die Führungsebene hinaus

Frauen in Führungspositionen möchten nicht einfach nur toleriert werden oder sich in einem vorgegebenen Rahmen freier bewegen können. Frauen, ebenso wie Männer, streben danach, sich frei entfalten, entwickeln und verwirklichen zu können. Jedoch stoßen beide Geschlechter weiterhin auf unsichtbare gesellschaftliche Barrieren. Wie wir gesehen haben, kämpfen Frauen gegen unterschiedliche Erwartungen, soziale Bestrafung aufgrund ihrer Ambitionen und schambehaftete Verurteilung, wenn sie ihr Leben nach ihren Vorstellungen leben und damit gesellschaftliche Normen und Paradigmen untergraben. Aber auch Männer werden oft verurteilt, wenn sie weniger als ihre Partnerin verdienen oder sich gänzlich als Hausmann verwirklichen.

Wenngleich viele meiner Coaching-Klientinnen äußern, dass sie Ängste und Selbstzweifel überwinden, mit Herausforderungen gelassen umgehen, klare Grenzen setzen und mehr zwischenmenschlichen Einfluss haben möchten, eröffnet sich im Austausch immer weitaus mehr. Führungsfrauen wollen nicht nur das Gefühl haben, dass sie gewollt sind. Sie möchten sich tiefgreifend notwendig für das Wohlergehen des Ganzen fühlen, indem sie andere durch ihren Beitrag auf tiefe und herausragende Weise beflügeln. Es reicht ihnen nicht, mehr Mut und Macht zu haben; sie möchten auch andere Menschen ermutigen und ermächtigen. Weibliche Führungskräfte wollen nicht nur Selbstzweifel und Versagensängste überwinden. Sie möchten einen großen Einfluss zum Nutzen und Segen aller Wesen haben.

Der Wunsch nach Selbstverwirklichung ist nicht nur einigen wenigen vorbehalten, noch ist er ein vorübergehender Trend. In der DNA des Menschen, unserer ganz persönlichen Blaupause, steckt der Funken der Evolution, der sich durch die menschlichen Bedürfnisse äußert, die alle Menschen verbinden. Wenn es dir wie den meisten Frauen in Führungspositionen geht, dann fühlst auch du den Drang, dich auf tiefere Weise mit dir selbst und deinem Umfeld zu verbinden. Du möchtest nicht nur deinen Platz finden, sondern dich gänzlich zum Ausdruck bringen. Du hörst nicht auf den Chor des Durchschnitts, der lautstark verkündet, dass der Status quo oder höchstens dessen Erhalt ausreichend sein soll. Du weißt, dass es deiner DNA entspricht, dich ständig weiterzuentwickeln und dich dadurch selbst immer neu zu erfinden. Du gibst dich nicht damit zufrieden, allein auf der Bergspitze zu stehen, sondern du möchtest als Leaderin andere Menschen inspirieren, mit dir zu gehen, damit ihr gemeinsam etwas Bedeutsames bewegen und bewirken könnt. Und schon gar nicht möchtest du das Gefühl haben, dass du dich in einer viel zu kleinen Box verbiegen und anpassen musst, um Anerkennung und Chancengleichheit zu erkämpfen. Weißt du, wovon ich spreche?

Die Perspektive bestimmt den Weg

Der Weg zur Selbstverwirklichung steht dir offen, und in erster Linie müssen sich nicht äußere Rahmenbedingungen ändern, sondern du musst deinen inneren Rahmen – dein Paradigma – ändern. Wie du weißt, spielen hierbei die unsichtbaren Barrieren eine fundamentale Rolle, und solange sie nicht aufgedeckt werden, begrenzen sie dich nicht nur in deiner Rolle als weibliche Führungskraft, sondern auch darüber hinaus. Wenn du dich mit anderen Augen siehst, dann betrachtest du auch die Welt aus einem neuen Blickwinkel. Und dadurch verändert sich deine Welt. Laotse hat gesagt: „Wenn du die Dinge anders betrachtest, ändern sich die Dinge, die du betrachtest." Das bedeutet, dass eine Veränderung in der Art und Weise, wie wir die Welt und uns selbst sehen, eine Veränderung in der Welt um uns herum bewirken kann. Es gibt wissenschaftliche Studien, die diese Idee unterstützen.

Zum Beispiel beschäftigen sich Forschungen mit der sogenannten perspektivischen Wahrnehmung und perspektivischen Kognition, die zeigen, dass unsere Wahrnehmung und Interpretation von Ereignissen stark von unserer Perspektive und unserem Standpunkt abhängen.

Perspektivische Wahrnehmung bezieht sich darauf, wie wir die Welt um uns herum sehen und verstehen, während perspektivische Kognition sich auf die mentalen Prozesse bezieht, die unsere Wahrnehmung beeinflussen. Einige Studien haben herausgefunden, dass Menschen, die eine bestimmte Perspektive einnehmen, auch eine andere Wahrnehmung und Interpretation von Ereignissen haben als Menschen, die eine andere Perspektive haben. Dies kann auch dazu beitragen, dass Menschen in verschiedenen Kulturen oder sozialen Gruppen unterschiedliche Wahrnehmungen und Interpretationen von Ereignissen haben. Gedanken, Urteile und Entscheidungen werden basierend auf unserer subjektiven Sichtweise geformt und beeinflusst, was wiederum unsere Interaktionen mit anderen und unsere Reaktionen auf verschiedene Situationen prägt.

Darüber hinaus beschäftigen sich Forschungen mit der Neuroplastizität des Gehirns, die zeigen, dass unser Gehirn in der Lage ist, sich an neue Erfahrungen und Informationen anzupassen. Dadurch wird unsere Wahrnehmung und Perspektive auch von unseren Erfahrungen und Erinnerungen beeinflusst. Es ist jedoch entscheidend zu betonen, dass die Aussage „Wenn du die Dinge anders betrachtest, ändern sich die Dinge, die du betrachtest", immer von deinem Verhalten und deinen Handlungen abhängig ist. Eine veränderte Sichtweise allein reicht möglicherweise nicht aus, um tatsächliche Veränderungen herbeizuführen. Es ist das, was du aufgrund dieser neuen Sichtweise tust, das den Unterschied macht.

Wachstum oder Sicherheit

Das Bedürfnis nach Wachstum ist ebenso wie das Bedürfnis nach Sicherheit ein starker Antrieb für Entscheidungen und Handlungen. Doch oft stehen sie sich gegenseitig entgegen. Wachsen bedeutet, die vertraute Sicherheit zu verlassen und die mit jeder Veränderung einhergehende Unsicherheit willkommen zu heißen. Dies erfordert viel Mut. Aus diesem Grund habe ich ein passendes Akronym entwickelt, das die zugrunde liegende Idee sehr gut verdeutlicht: M.U.T. - Mehr Unsicherheit tolerieren.

Wieder beginnt es mit der Veränderung deiner Sichtweise. Viele Menschen stecken in einem sogenannten fixierten Mindset fest, wodurch sie die Dinge durch die Brille der Sicherheit betrachten. Sie bevorzugen das Gewohnte und Altbewährte dem Neuen und Unbekannten. Eine gute Metapher sind Scheuklappen, durch die sie das Außenliegende entweder nicht erkennen können oder sich weigern, ihre Sichtweise zu ändern. Ein fixiertes Mindset beruht auf der Annahme, dass es sicherer ist, in der Komfortzone zu bleiben, auch wenn diese wenig befriedigend ist, statt neue Wege zu gehen. Oft führt es dazu, dass Menschen dadurch Chancen verpassen oder sich neuen Möglichkeiten verschließen. In der Führung äußert sich das oft durch Rechthaberei, mangelnde Offenheit für Feedback, Ideen und Innovation sowie durch das Festhalten an wenig zielführenden Strategien und Maßnahmen, begleitet von der Einstellung: „Das haben wir schon immer so gemacht, und wir sehen keinen Grund, es zu ändern."

Das fixierte Mindset ist zudem gekennzeichnet durch die starre Überzeugung, dass Fähigkeiten und Fertigkeiten angeboren und unveränderlich sind. Die Idee des fixierten Mindsets, auch bekannt als „fixed mindset“ oder „starres Mindset“, wurde von der Psychologin Carol S. Dweck entwickelt. Menschen mit einem fixierten Mindset glauben an angeborene Intelligenz, fürchten das Versagen und halten an der Vorstellung fest, dass bestimmte Dinge unveränderlich sind und Talent eine entscheidende Rolle spielt.

Das agile Mindset, auch bekannt als „growth mindset“, akzeptiert hingegen, dass es notwendig ist, das Gewohnte und vermeintlich Sichere für Veränderungen aufzugeben. Diese Bereitschaft, Risiken einzugehen, ist unerlässlich, um Visionen und Herzenswünsche zu verwirklichen. Vielleicht fragst du dich, wie du die Angst davor überwinden kannst. Die Antwort ist simpel: Du musst sie zu deiner Verbündeten machen und trotz der Angst handeln.

Ein agiles Mindset zeichnet sich durch eine spezifische innere Haltung aus, die Flexibilität, Offenheit für Fehler und Lernbereitschaft umfasst. Dabei geht es darum, Prozesse herauszufordern und neue Ansätze in kleinen Schritten auszuprobieren, um die Fähigkeit zur Anpassung an Veränderungen zu entwickeln und kontinuierlich zu lernen. Es beeinflusst auch die Art und Weise, wie Führungskräfte über Erfolg und Misserfolg sprechen, indem es nicht darum geht, vorhandene Fähigkeiten zu bestätigen, sondern um die Fähigkeit zur Veränderung und zum Lernen.

Des Weiteren impliziert ein agiles Mindset, dass Führungsfrauen gut mit Veränderungen umgehen können, was den Weg für innovative und visionäre Geschäftsideen ebnet. Fehler werden nicht als negativ betrachtet, sondern als Gelegenheiten zum Lernen gesehen. Die Annahme eines agilen Mindsets ermöglicht eine flexiblere Reaktion auf Marktveränderungen, fördert Innovation und trägt zur Schaffung einer Kultur der kontinuierlichen Verbesserung bei. Hier sind einige Fragen, die dir dabei helfen können, einzuschätzen, wie ausgeprägt dein agiles Mindset bereits ist:

- Wie offen bist du für neue Ideen und Ansätze?
- Wie flexibel bist du, wenn es um Veränderungen geht?
- Wie gehst du mit Fehlern und Rückschlägen um?
- Wie bereit bist du, deine Herangehensweise an Probleme zu überdenken und anzupassen?
- Wie sehr ermutigst du deine Teammitglieder, neue Wege auszuprobieren und Risiken einzugehen?
- Wie schnell passt du dich neuen Situationen an?
- Wie oft reflektierst du über deine eigenen Handlungen und lernst aus ihnen?
- Wie oft hinterfragst du bestehende Prozesse und suchst nach Möglichkeiten zur Verbesserung?
- Wie gut kannst du mit Unsicherheit und unvorhersehbaren Ereignissen umgehen?
- Wie motiviert bist du, kontinuierlich zu lernen und dich weiterzuentwickeln?

Agilität bedeutet, Ängste willkommen zu heißen und bereit zu sein, Fehler zu machen. Der größte Feind des agilen Mindsets ist das Streben nach Perfektion.

Es verblendet dich, indem es die Annahme unterstützt, dass du zuerst alles im Griff haben musst, bevor du loslegen kannst. Perfektion ist kein hoher Standard; sie ist eine destruktive Ausrede, um deine Komfortzone nicht verlassen zu müssen. Dabei kannst du sehr beschäftigt sein und viel Verantwortung tragen. Doch sei dir bewusst, dass Geschäftigkeit nicht zwangsläufig Fortschritt bedeutet. In Wahrheit ziehst du Sicherheit dem Wachstum vor und versuchst dadurch, den Schmerz des Kontrollverlusts zu vermeiden. Stopp! Erlaube dir einen bewussten Atemzug, denn das war vielleicht eine geballte Ladung.

Kapitel-Highlights:

Die aktuellen Quoten zeigen, dass Frauen in Führungspositionen immer noch stark unterrepräsentiert sind, und die Barrieren auf dem Weg zur Geschlechterparität oft unüberwindbar erscheinen. Doch um diese Hindernisse zu überwinden, ist ein Umdenken erforderlich. Dabei spielen unbewusste Überzeugungen, wie die Erwartung, das scheinbar Unmögliche möglich machen zu können, und Gewohnheiten eine Rolle, die das Festhalten an alten Verhaltensmustern begünstigen. Die Bedürfnispsychologie identifiziert sechs grundlegende menschliche Bedürfnisse, die unser Verhalten prägen und sowohl gesunde als auch ungesunde Wege aufzeigen, sie zu erfüllen. Frauen in Führungspositionen streben nicht nur nach persönlichem Wachstum, sondern auch danach, anderen zu dienen und einen Beitrag zu leisten.

Wenn es dir wie den meisten Frauen in Führungspositionen geht, dann fühlst auch du den Drang, dich auf tiefere Weise mit dir selbst und deinem Umfeld zu verbinden. Du möchtest nicht nur deinen Platz finden, sondern dich gänzlich zum Ausdruck bringen. Du hörst nicht auf den Chor des Durchschnitts, der lautstark verkündet, dass der Status quo oder höchstens dessen Erhalt ausreichend sein sollen. Du weißt, dass es deiner DNA entspricht, dich ständig weiterzuentwickeln und dich dadurch selbst immer neu zu erfinden.

Perspektive spielt eine entscheidende Rolle bei der Wahrnehmung von Barrieren und der Suche nach Lösungen. Ein agiles Mindset, das Flexibilität und Lernbereitschaft fördert, ist entscheidend für die Überwindung von Hindernissen und die Schaffung einer Kultur der Innovation. Es ist wichtig, das eigene agile Mindset zu überprüfen und kontinuierlich weiterzuentwickeln.

Deine Notizen, Erkenntnisse, Fragen:

Kapitel 8

Der Schlüssel zur Freiheit

Drei Schlüsselfähigkeiten

Die folgenden drei Schlüsselfähigkeiten können dir helfen, den Erwartungsunterschied, die Ambitionsstrafe und schambehaftetes Verhalten zu überwinden: Erstens Resilienz, zweitens emotionale Selbstregulation - auch bekannt als psychologische Flexibilität - und drittens Selbstvertrauen.

1. Die Kunst, dich rasch zu erholen

Resilienz ist eine unverzichtbare Fähigkeit für dich als weibliche Führungskraft, um den Anforderungen des beruflichen und persönlichen Lebens erfolgreich zu begegnen. Es geht nicht nur darum, belastenden Lebensumständen und den negativen Folgen von Stress standzuhalten, sondern auch darum, aus Herausforderungen zu lernen und gestärkt daraus hervorzugehen.

In der psychologischen Forschung wurden verschiedene Muster oder Profile identifiziert, die Menschen in Bezug auf ihre Resilienzfähigkeit zeigen können. Diese Muster können Unterschiede in der Bewältigungsfähigkeit, im Umgang mit Stress oder in der Fähigkeit zur Anpassung an Veränderungen umfassen. Obwohl es kein einheitliches Modell zur Klassifizierung von Resilienztypen gibt, sind verschiedene Ansätze und Konzepte entwickelt worden, um die Vielfalt der Resilienzmuster zu beschreiben.

In einigen Studien wurden bestimmte Muster identifiziert, die sich in der Bewältigung von Rückschlägen und Stresssituationen zeigen. Diese Muster werden manchmal als „Resilienztypen“ bezeichnet, obwohl es wichtig ist zu betonen, dass die Resilienz ein komplexes Phänomen ist, das sich nicht immer klar in Typen einteilen lässt. Dennoch zeigen Untersuchungen, dass sich Resilienzverhalten grob in drei Hauptkategorien unterteilen lässt.

Die erste Gruppe von Menschen erholen sich nicht vollständig von Rückschlägen und bleiben in ihrem Zustand der Belastung oder des Leidens stecken. Die zweite Gruppe von Menschen schafft es, sich von Rückschlägen zu erholen und wieder zum Status quo zurückzukehren, der vor dem Rückschlag bestand. Die dritte Gruppe von Menschen zeigt eine höhere Form der Resilienz, indem sie sich nicht nur von Rückschlägen erholt, sondern sich auch weiterentwickelt und gestärkt aus ihnen hervorgeht. Diese Menschen nutzen Rückschläge als Chance für persönliches Wachstum und Entwicklung.

Als Führungskraft ist es wichtig, *individuelle* Resilienz zu entwickeln, um sich an veränderte Situationen anzupassen und sich von Rückschlägen zu erholen. Dies bedeutet, flexibel zu sein und auch in schwierigen Zeiten handlungsfähig zu bleiben. Ebenso spielt *soziale* Resilienz eine große Rolle, insbesondere in einem dynamischen Arbeitsumfeld, in dem die Unterstützung von Kollegen und Netzwerken von großer Bedeutung ist. Diese Form der Resilienz ermöglicht es, sich gegenseitig zu stärken und gemeinsam durch herausfordernde Situationen zu gehen.

Darüber hinaus ist auch die *organisationale* Resilienz von entscheidender Bedeutung. Idealerweise arbeitest du in einem Unternehmen, das über eine starke organisationale Resilienz verfügt und in der Lage ist, sich an negative Situationen anzupassen, Krisen zu bewältigen und gestärkt daraus hervorzugehen.

Es ist entscheidend, deine Resilienz kontinuierlich zu stärken und zu entwickeln, um nicht nur erfolgreich zu sein, sondern auch langfristig deine mentale und körperliche Gesundheit sowie dein Wohlbefinden zu optimieren. Dies erfordert die Bereitschaft, dich neuen Herausforderungen zu stellen, aus Fehlern zu lernen und dich selbst sowie andere in schwierigen Zeiten zu unterstützen. Das kann bedeuten, ein offenes Ohr zu haben, Unterstützung anzubieten, Ratschläge zu geben oder einfach da zu sein, um jemandem in schwierigen Zeiten beizustehen. Es geht darum, ein unterstützendes Umfeld zu schaffen, in dem sich jeder Einzelne gestärkt und ermächtigt fühlt, mit den Herausforderungen des Lebens umzugehen.

2. Emotionale Selbstregulation

Sicherlich kennst du die Redewendung „Es gehören immer zwei dazu, um zu streiten“. Doch welche Bedeutung steckt dahinter und wie hängt sie mit der emotionalen Selbstregulation zusammen? Lass uns dies anhand eines schwierigen Teammitglieds verdeutlichen. Angenommen, dieses Teammitglied, wir nennen ihn Tim, verhält sich dir gegenüber auf eine Weise, die dich stört und verletzt. Tim kritisiert dich ständig und gibt dir die Schuld, während du nicht zurückschlägst. Du bittest ihn lediglich wiederholt, dieses Verhalten zu unterlassen, da es dich verletzt, doch er respektiert deine Grenze nicht. Ist er der Streitsüchtige und du sein Opfer? Nicht ganz.

Tims Verhalten mag unangebracht sein, und es gibt viele Anzeichen dafür, dass er dich angreift, während du äußerlich gefasst bleibst. Dies könnte dazu führen, dass du annimmst, dass Tim das Problem ist. Unbewusst streitest du jedoch auch mit ihm, selbst wenn äußerlich keine Anzeichen dafür sichtbar sind, indem du seinen Zustand bekämpfst. Dieser Kampf findet nicht nur unbewusst, sondern auch still statt. Es handelt sich um einen inneren Widerstand, der in Worte gefasst lauten würde: „Ich erlaube es dir nicht, in diesem Zustand der Kritik und des Vorwurfs zu sein." Dies hat Folgen und begünstigt einen Streit. Was wäre, wenn du Tim innerlich die Erlaubnis erteilen könntest, in seiner kritischen Haltung zu sein? Damit würdest du den Nährboden für die Auseinandersetzung entziehen.

Es klingt vielleicht erstaunlich, aber das ist tatsächlich die Macht der emotionalen Selbstregulation. Das bedeutet nicht, dass du tolerierst, dass dich jemand ständig beschuldigt, noch kämpfst du dagegen an. Stattdessen lässt du den inneren Widerstand los und beendest dadurch deine unbewusste Beteiligung am Streit, indem du deinem Gegenüber erlaubst, in seiner destruktiven Haltung zu verweilen. Vielleicht fragst du dich, ob du nicht klare Grenzen setzen musst, um dich vor Angriffen zu schützen. Diese klaren Grenzen ziehst du, indem du den inneren Widerstand aufgibst, was ohne die Beherrschung der emotionalen Selbstregulation nur schwer konstant umsetzbar ist. Denn sie bedeutet nicht nur, äußerlich ruhig bleiben zu können, sondern auch innerlich. Und das ist eine ganz andere Liga, die du erreichen kannst.

Wie wichtig die Fähigkeit, solche Grenzen zu ziehen, ist, zeigt Tinas (Name geändert) Erfahrung. Ihr wurde die Möglichkeit geboten, eine noch verantwortungsvollere Führungsrolle zu übernehmen, indem sie größere Teams führt. Der Gedanke gefällt ihr sehr und sie ist bereit, den Schritt zu gehen. Aber es gibt für sie ein großes Problem: In ihrer aktuellen Position kommt es immer wieder zu Schwierigkeiten mit einem Teammitglied. Tina fehlt nicht nur der Einfluss, um die angespannte Beziehung in gute Bahnen zu lenken, sondern die Situation belastet sie äußerst stark. Sie kann auch außerhalb der Arbeit nicht aufhören, darüber nachzudenken, was ihr großen Stress bereitet. Zudem verunsichert sie das Verhalten ihres Teammitglieds und sie sucht krampfhaft die Fehler bei sich. Der Druck lastet so sehr auf ihr, dass sie in einem Gespräch äußerte, dass sie die Führungsposition nicht angehen wird, wenn sie nicht mit den ganzen Emotionen fertig wird. Sie steckt buchstäblich in einer Zwickmühle, in der sie sogar mit dem Gedanken spielt, ihre Ambitionen, Herzenswünsche und Vision aufzugeben. Kannst du erahnen, wie sich das anfühlt?

Von Emotionen überwältigt

Als ich 2004 meine Karriere als Top-Leistungssportler erfolgreich beendete, war ich unsicher, in welche Richtung ich mich entwickeln sollte. Schließlich entschied ich mich, nach Amerika auszuwandern. Doch auch dieses Vorhaben verlief völlig anders als erwartet. Auf dem Heimweg im Zug von der US-Botschaft in Bern, wo ich mein permanentes Visum und meine Green Card (Arbeitsbewilligung) abgeholt hatte, bekam ich auf halber Strecke urplötzlich Schwierigkeiten beim Atmen. Ich wusste nicht, was mit mir passierte, doch ich hatte große Angst. Ich schnappte nach Luft und spürte meine Arme nicht mehr. Ich kann mich nur noch an eine Durchsage des Schaffners erinnern: „Gibt es einen Arzt oder eine Krankenschwester an Bord?“ Es kamen einige Menschen vorbei und stellten mir Fragen, an die ich mich nicht mehr erinnern kann.

Und dann hörte ich eine erneute Durchsage: „Wir halten aufgrund eines medizinischen Notfalls unplanmäßig in Aarau.“ Völlig außer mir vor panischer Angst wurde ich mit der Ambulanz ins Krankenhaus gefahren. Nach einer Stunde konnte ich das Krankenhaus wieder verlassen – der Verdacht auf einen Herzinfarkt hatte sich nicht bestätigt. Ausgestattet mit Beruhigungsmitteln trat ich die wohl schrecklichste Bahnreise meines Lebens an. Irgendwann stand die Diagnose fest: Ich litt an Panikattacken. Plötzlich war ich nicht mehr der dynamische Leistungssportler, sondern ein Häufchen Elend, das in jeder Sekunde befürchtete, tot umzufallen. Die Todesängste hatten mich Tag und

Nacht fest im Griff. Es fühlte sich an, als wolle mich etwas Bedrohliches und zugleich Ungreifbares aus dem Leben reißen.

Nach vier Monaten hörte ich eine innere Stimme, die sagte: „Lukas, schau nach innen." Ich konnte damit nicht viel anfangen. Stattdessen hatte mich die Angst weiter unter Kontrolle, und ich glitt immer mehr in eine Abwärtsspirale. Ich erlitt jeden Tag mehrere Panikattacken, und das sieben Monate lang. Ab diesem Punkt hatte ich mein Leben innerlich aufgegeben, weil ich mir nicht vorstellen konnte, so weiterzuleben. Die Krönung kam eines Nachts im Januar 2006. Ich wachte schweißgebadet und nach Luft ringend auf und dachte mit jeder Zelle meines Körpers, dass meine Zeit gekommen war. Doch statt mich dagegen zu wehren, habe ich losgelassen und innerlich gesagt: „Wenn das meine Zeit ist zu gehen, dann nehmt mich jetzt nach Hause."

Tiefgreifende Erkenntnisse

Offensichtlich bin ich nicht gestorben, aber ich verspürte zwei kristallklare innere Impulse: 1. Lukas, du wirst verstehen, was mit dir gerade passiert. 2. Und du wirst es an andere Menschen weitergeben. Nach dieser Nacht war ich so gut wie geheilt. Ich hatte nur noch eine Handvoll weiterer Panikattacken, und meine Depression sowie suizidalen Gedanken waren verschwunden. Das Licht am Ende des Tunnels war für mich wieder sichtbar. Ich kann also mit gutem Gewissen sagen, dass ich weiß, wie es sich anfühlt, falsch mit geballten Emotionen wie Angst, Panik, Unsicherheit, Scham, Schuldgefühlen, Wut usw. umzugehen, denn das hat mir beinahe mein Leben gekostet. In all den Jahren habe ich aber auch gelernt, richtig mit Emotionen umzugehen. Diese psychologische Flexibilität hat mir zu weiteren Erfolgen verholfen und vor allem habe ich dadurch innere Ruhe gefunden - ein Zustand, den ich davor so nicht kannte.

Vom brennenden Verlangen zur Mission

In den darauffolgenden Jahren wurde mein Verlangen, mich persönlich weiterzuentwickeln und es gleichzeitig mit anderen Menschen zu teilen, immer stärker – und so bin ich 2010 in die Unsicherheit der Selbstständigkeit gesprungen. Einmal mehr kam alles anders als geplant und ich stand bald vor Hunderten von Menschen auf der Bühne, um sie darin zu unterrichten, wie sie mehr Selbstvertrauen gewinnen, mit Herausforderungen und geballten Emotionen richtig umgehen und überzeugend sind, ohne sich zu verbiegen. Auf diese Weise konnte ich bis heute über 10.000 Menschen zu mehr Selbstbewusstsein, Erfolg und Erfüllung verhelfen. Seit über 15 Jahren brenne ich für diese Thematik, und ich glaube, du kannst erkennen, dass es sich nicht nur um eine Aufgabe, sondern um eine Mission – meine persönliche Lebensaufgabe – handelt. Ich habe am eigenen Leib erfahren, was es bedeutet, an sich selbst zu zweifeln und mit unsichtbaren Barrieren zu kämpfen. Und ich weiß, wie sie überwunden werden können.

Es gibt für mich viele Parallelen zwischen Leistungssportlern und Führungskräften. Beide müssen fest an sich selbst glauben, mit Herausforderungen und Veränderungen gelassen umgehen können und sich verletzlich und authentisch zeigen. Natürlich gibt es Führungskräfte, die dies unbewusst verinnerlicht haben. Aber ebenso viele scheitern genau an diesen Fähigkeiten, wodurch sie sich in erster Linie selbst, aber auch ihre gesamte Mannschaft ausbremsen.

Das Fass läuft über

Gefühle beeinflussen unser Handeln und die Ergebnisse, die wir erzielen können. Daher ist es besonders wichtig, wie wir mit Emotionen umgehen. Als ich unter Panikattacken litt, habe ich meine Angst unterdrückt und sie ungewollt und unkontrolliert ausgedrückt. Diese Umgangsformen sind weit verbreitet. Viele Menschen unterdrücken negative Gefühle, indem sie sie in sich hineinfressen oder überdecken. Sie laufen förmlich vor ihren Gefühlen weg. Wie von einem bedrohlichen Monster werden sie von ihren ungelösten Emotionen ein Leben lang verfolgt, in der Hoffnung, dass sie nicht eingeholt werden, bevor sie die Ziellinie erreichen. Das Unterdrücken von Emotionen führt zu einer Stauung, die sich häufig in Form eines inneren Drucks bemerkbar macht, der oft nicht zugeordnet werden kann.

Ich verwende gerne die Metapher eines Fasses, um zu verdeutlichen, welche Auswirkungen unterdrückte Emotionen haben. Ein leeres Fass hat ein bestimmtes

Fassungsvermögen. Sobald es aber voll ist, reicht eine kleine Menge zusätzlichen Wassers, um es zum Überlaufen zu bringen. Genau das passiert, wenn negative Emotionen wie Ängste, Zweifel, Unsicherheit, Scham- und Schuldgefühle, Wut, Neid usw. unterdrückt werden. Das Fass läuft voll. Ab diesem Moment reicht die geringste Bemerkung, Situation oder Erfahrung aus, und die Emotionen laufen über. Sicherlich kennst auch du Menschen mit einer sehr kurzen Zündschnur. Das hat nichts mit ihrem Charakter zu tun, sondern mit der Tatsache, dass ihr emotionales Fass überläuft. Damit entschuldige ich nicht ihr Verhalten, aber es ist wichtig, die Ursachen zu verstehen, um nicht selbst in eine Negativspirale zu geraten.

Der Ausdruck von Emotionen kann etwas Schönes sein, denken wir z.B. an Liebe, Freude und Dankbarkeit. Wenn hingegen Angst, Wut, Scham- und Schuldgefühle, Neid, Zweifel oder Unsicherheit unkontrolliert ausgedrückt werden, führt dies immer zu entsprechendem Verhalten und Handlungen, die unerwünschte Ergebnisse liefern. Sowohl das Unterdrücken von Emotionen als auch der unkontrollierte Ausdruck führen zu mehr Schmerz für alle Beteiligten.

Meine persönliche Erfahrung hat mir gezeigt, dass es einen dritten Weg gibt, den nur wenige beherrschen: das Umwandeln oder Transformieren von Emotionen. Die Fähigkeit, Angst in Mut und positive Erwartung zu verwandeln oder Wut in Mitgefühl und Vergebung, sind keine esoterischen Spinnereien. Es ist die Alchemie der Besten. Wenn du als weibliche Führungskraft die

Fähigkeit der emotionalen Selbstregulation meisterst, gesellst du dich zu ihnen.

Obwohl ich als Leistungssportler eine hohe Resilienz bewies, konnte ich Nervosität, Erwartungsdruck, Unsicherheit und Selbstzweifel nicht auf Knopfdruck in positive, kraftvolle Emotionen umwandeln. Dazu musste ich wohl die Erfahrung meines persönlichen Tiefs durchleben, um aus der Not heraus ein Werkzeug zu entwickeln, das ich Quantensprungformel nenne. Diese Formel hilft nicht nur mir selbst, sondern auch meinen Coaching-Klientinnen, negative Emotionen gekonnt zu transformieren. Wie ausgeprägt ist deine emotionale Selbstregulation (psychologische Flexibilität)? Hier sind einige Fragen, um sie für dich zu bewerten:

- Wie oft gelingt es dir, negative Emotionen wie Angst oder Wut in positive, kraftvolle Emotionen umzuwandeln?
- Wie häufig unterdrückst du deine negativen Emotionen, anstatt sie bewusst zu verarbeiten?
- In welchem Maße fühlst du dich fähig, deine Emotionen zu kontrollieren und gezielt zu steuern, anstatt unkontrolliert darauf zu reagieren?
- Wie oft fühlst du dich überwältigt von deinen Emotionen und kannst sie nicht angemessen ausdrücken?
- Wie gut kannst du in schwierigen Situationen innere Ruhe bewahren und emotional ausgeglichen bleiben?
- Wie oft findest du dich in Situationen wieder, in de-

nen du deine Emotionen unbewusst nach außen projizierst, ohne es zu wollen?

- Wie fähig bist du, dich in emotional herausfordernden Momenten selbst zu beruhigen und Klarheit zu gewinnen?
- Wie leicht fällt es dir, anderen gegenüber Mitgefühl und Vergebung zu zeigen, selbst wenn du dich ursprünglich wütend oder verletzt gefühlt hast?
- Wie oft reagierst du auf stressige Situationen, indem du die zugrunde liegenden Emotionen annimmst und sie bewusst transformierst?
- Wie gut gelingt es dir, den inneren Widerstand gegen unangenehme Emotionen aufzugeben und sie als Teil deiner Erfahrung zu akzeptieren?

3. Tiefgreifendes Selbstvertrauen

Selbstvertrauen ist wie Resilienz und emotionale Selbstregulation eine Schlüsselfähigkeit, um als weibliche Führungskraft den täglichen Herausforderungen gewachsen zu sein und gezielte Entwicklung und Erfüllung zu ermöglichen. Selbstvertrauen bedeutet nicht, dass du immer selbstbewusst auftrittst, dich überall behaupten möchtest oder frei von Ängsten, Unsicherheiten und Zweifeln bist. Selbstvertrauen hat nichts mit Arroganz, Überheblichkeit, Härte, Verbissenheit oder Dominanz zu tun. Tiefgreifendes Selbstvertrauen ist ein Gefühl der Verbundenheit mit dir selbst und anderen Menschen und fühlt sich wie ein Sicherheitsnetz an. Diese psychologische Stabilität ermöglicht es dir, mutiger zu handeln, dich Herausforderungen zu stellen und auch in schwierigen Momenten weiterzugehen. Selbstbewusstsein im klassischen Sinn ist oft aufgesetzt, Selbstvertrauen hingegen kommt aus dem Inneren heraus und verbindet dich mit der Intuition.

Selbstvertrauen steht in ständiger Konkurrenz mit Selbstzweifeln, Unsicherheit, Ängsten, Scham und Schuldgefühlen. Das Pareto-Prinzip, auch als 80-20-Regel bekannt, besagt, dass etwa 20 Prozent der Maßnahmen 80 Prozent der Ergebnisse liefern. Dies bedeutet, dass ein kleiner Teil deiner Bemühungen den größten Teil deiner Erfolge ausmacht. Diese Regel gilt auch für das Selbstvertrauen. Es ist nicht nötig, dass du sofort alle Selbstzweifel, Unsicherheiten, Ängste, Scham- und Schuldgefühle überwindest. Wenn du bei der Scham ansetzt, wirst du dadurch 80 Prozent des erhofften Erfolgs – also tieferes Selbstvertrauen – erreichen können.

Schamresilienz

Scham ist das tief sitzende Gefühl, nicht gut genug zu sein. Der Begriff „Schamresilienz" stammt aus der psychologischen Forschung und der klinischen Praxis und beschreibt die Fähigkeit eines Menschen, mit Schamgefühlen konstruktiv umzugehen und sich von ihnen zu erholen. Obwohl Resilienz traditionell die Fähigkeit bezeichnet, Herausforderungen und Stressoren zu bewältigen und sich trotz widriger Umstände anzupassen, haben Forscher begonnen, Resilienz in Bezug auf spezifische Emotionen wie Scham zu betrachten, um zu verstehen, wie Menschen auf schwierige emotionale Erfahrungen reagieren und sich davon erholen können. Verletzlichkeit wird als ein wesentlicher Bestandteil der Fähigkeit betrachtet, mit Schamgefühlen umzugehen. Durch die Entwicklung von Selbstmitgefühl, emotionaler Intelligenz, einem unterstützenden sozialen Netzwerk und der Fähigkeit, aus Erfahrungen zu lernen, kannst du deine Schamresilienz stärken.

Sich verletzlich zu zeigen wird oft als Schwäche betrachtet, aber in Wirklichkeit ist sie eine mutige und kraftvolle Eigenschaft. Führungskräfte, die ihre Verletzlichkeit akzeptieren und sie als Teil ihrer menschlichen Erfahrung annehmen, sind oft widerstandsfähiger gegenüber Schamgefühlen. Schamresiliente Führungsfrauen sind in der Lage, ihre Emotionen authentisch auszudrücken, selbst wenn es sich um unangenehme oder verletzliche Gefühle wie Scham, Schuldgefühle, Angst oder Wut handelt. Indem sie ihre Gefühle teilen und sich öffnen, können sie Unterstützung und Verständnis von anderen erhalten. Verletzlich zu sein bedeutet nicht, sich selbst zu opfern oder übermäßig offen gegenüber anderen zu sein. Schamresiliente Führungskräfte wissen, wie sie gesunde Grenzen setzen und für sich selbst sorgen können, um ihr körperliches und emotionales Wohlbefinden zu wahren. Frauen in Führungspositionen, die bereit sind, sich anderen gegenüber verletzlich zu zeigen, bauen ein tiefes Vertrauen und eine starke Bindung auf und gewinnen dadurch Einfluss.

Verletzlichkeit erfordert Mut und die Bereitschaft, sich den eigenen Schwächen und Fehlern zu stellen. Schamresiliente Leaderinnen nutzen ihre Verletzlichkeit als Antrieb für persönliches Wachstum und Selbstreflexion, indem sie aus ihren Erfahrungen lernen und sich weiterentwickeln. Für mich stellte Verletzlichkeit selbst lange eine große Hürde dar, denn ich wollte nicht als schwach erscheinen. Das hinderte mich jedoch daran, mich authentisch zu zeigen, wodurch ich manchmal als arrogant oder gefühlskalt wahrgenommen wurde. Heute betrachte ich mich als sehr verletzlich, was mir große innere Freiheit bringt, weil ich mich nicht mehr verbiegen muss, um anderen zu gefallen.

Eine feine Linie

Selbstvertrauen hat einen weiteren Feind: den Vergleich. Das Wort „Vergleich" bedeutet, dass wir uns mit etwas oder jemandem gleichstellen möchten. Es ist, als würdest du dich in eine Form pressen, in die du nicht passt. Wie oft vergleichst du dich mit anderen Menschen oder einem unerreichbaren Ideal, obwohl du einzigartig bist?

Die Forschung zeigt, dass glückliche und selbstsichere Menschen sich nicht mit einem zukünftigen Ideal vergleichen, das sie nie erreichen können, sondern mit ihrem eigenen Fortschritt. Das heißt nicht, dass sie keine Ziele, Idealvorstellungen oder Visionen haben. Sie stellen jedoch einen anderen Vergleich an. Während sich die meisten Menschen im Vergleich mit anderen oder nicht erreichten Zielen und Wünschen negativ bewerten, betrachten sie, wie weit sie im Vergleich zu gestern, Wochen, Monaten oder Jahren gekommen sind. Diese Sichtweise vermittelt ihnen nicht den Anschein, dass sie stehen bleiben, sondern zeigt ihnen, welche Entwicklungen sie bereits durchlebt haben.

Das allein macht sie jedoch nicht automatisch glücklich und selbstsicher. Was sie weiter vom Durchschnitt abhebt, ist ihr Leben im Hier und Jetzt. Der Unterschied zwischen Selbstvertrauen und Selbstzweifel gleicht einer feinen Linie. Selbstzweifel basieren auf dem Vergleich von vergangenen Negativerlebnissen mit zukünftigen Schreckensszenarien, während Selbstvertrauen den Vergleich mit vergangenen Positiverlebnissen mit Dankbarkeit für alles, was jetzt vorhanden ist, kombiniert. Hier sind einige Fragen, um dein aktuelles Selbstvertrauen zu beurteilen:

- Fühlst du dich in der Lage, dich Herausforderungen zu stellen und mutig zu handeln, auch wenn es schwierig wird?
- Bist du oft von Unsicherheit geplagt, oder fühlst du dich im Allgemeinen sicher und verbunden mit dir selbst?
- Zweifelst du oft an dir selbst oder anderen Menschen?
- Hast du das Gefühl, dass Schamgefühle dich häufig daran hindern, dein volles Potenzial auszuschöpfen?
- Wie offen bist du in der Lage, deine Emotionen, einschließlich verletzlicher Gefühle wie Scham, auszudrücken?
- Vergleichst du dich oft mit anderen Menschen oder mit einem zukünftigen Ideal, das du nie erreichen

kannst?

- Bist du in der Lage, gesunde Grenzen zu setzen, oder fühlst du dich oft schuldig?
- Fühlst du dich oft nicht gut genug oder unterlegen, oder traust du dir dasselbe wie anderen Menschen zu?
- Kannst du dich deinen eigenen Schwächen und Fehlern ohne Schamgefühle gegenüberstellen und aus ihnen lernen?
- Fühlst du dich frei, dich authentisch zu zeigen und dich nicht mehr zu verbiegen, um anderen zu gefallen?

Kapitel-Highlights:

Resilienz, emotionale Selbstregulation und Selbstvertrauen sind entscheidende Schlüsselfähigkeiten für weibliche Führungskräfte. Resilienz bedeutet mehr als nur Standhaftigkeit in belastenden Situationen; vielmehr geht es darum, gestärkt aus Herausforderungen hervorzugehen. Unterschiedliche Resilienzmuster zeigen, dass sich einige Menschen nach Rückschlägen nicht nur erholen, sondern sich dadurch weiterentwickeln können.

Emotionale Selbstregulation beinhaltet die bewusste Verarbeitung negativer Emotionen und ihre Transformation in positive. Meine persönliche Erfahrung zeigt, dass das Durchleben von Herausforderungen wie Panikattacken und Selbstzweifeln zu einem tieferen Verständnis für den Umgang mit negativen Emotionen wie Angst, Unsicherheit, Scham und Wut führen kann.

Selbstvertrauen ist keine Überlegenheit, sondern eine innere Verbundenheit mit sich selbst und anderen. Schamresilienz ist die Fähigkeit, konstruktiv mit Schamgefühlen umzugehen und sich davon zu erholen. Verletzlichkeit mag als Schwäche erscheinen, ist aber eine mutige Eigenschaft, die Authentizität ermöglicht. Selbstvertrauen leidet oft unter Vergleichen mit anderen oder unrealistischen Idealen, wobei der Fokus auf persönlichem Fortschritt liegen sollte. Selbstreflexion und die Bereitschaft, aus Fehlern zu lernen, sind entscheidend für die Entwicklung dieser Schlüsselfähigkeiten.

Deine Notizen, Erkenntnisse, Fragen:

Kapitel 9

Wonach sehnst du dich wirklich?

Überwinde die verrückte Endlosschleife

Gratuliere, dass du es bis hierher geschafft hast. Was wäre für dich als weibliche Führungskraft persönlich und beruflich möglich, wenn du nicht länger von Selbstzweifeln, Ängsten und Unsicherheit ausgebremst würdest? Wie viel leichter wäre dein Alltag, wenn du nicht mehr so sehr um dein Ansehen kämpfen müsstest? Was wäre anders für dich, wenn du mehr innere Stabilität und Ruhe finden würdest, anstatt rastlos zu sein? Wie viel mehr Erfüllung könntest du erleben, wenn du schwierige Gespräche und herausfordernde Situationen schnell abhaken könntest, ohne zu grübeln und die Fehler bei dir zu suchen? Und wie viel gelassener wärst du, wenn du ohne Schuldgefühle Grenzen setzen könntest, statt ständig mit dem Löschen von Brandherden beschäftigt zu sein?

All dies ist für dich möglich. Wie wir gesehen haben, spielen die unsichtbaren Barrieren eine wesentliche Rolle dabei. Solange sie unbemerkt vorhanden sind, wirst du durch dein eigenes Verhalten dafür sorgen, dass sie bestehen bleiben. Andere Menschen, insbesondere diejenigen, die dir nahestehen wie deine Familien- und Teammitglieder, werden diese Muster durch ihr Verhalten weiter spiegeln. Und so hältst du dich in einem verstrickten Netzwerk gefangen. Dein Selbstbild ist wesentlich daran beteiligt.

Die Art und Weise, wie du dich und andere Menschen siehst, bestimmt, was du dir zutraust und was du für möglich hältst. Wir haben *gesellschaftliche* Paradigmen wie den Erwartungsunterschied, die Ambitionsstrafe und schambehaftetes Verhalten betrachtet und offengelegt, wie sie dich als weibliche Führungskraft beeinflussen. Das Selbstbild ist ein Teil deines *persönlichen* Paradigmas, also des Rahmens, in dem du dich bewegst und der durch deine Prägungen und Erfahrungen geformt wurde. Solange du an deiner bisherigen Sichtweise festhältst, kannst du zwar Veränderungen bewirken, aber sie sind oft von kurzer Dauer. Die Ursache liegt in der Funktionsweise des Paradigmas, das eine sogenannte kybernetische Schleife bildet. Wie ein Autopilot korrigiert es jede Kursabweichung und bringt dich verlässlich zurück auf den Ausgangskurs – es sei denn, du änderst den Kurs, indem du dein Unterbewusstsein neu programmierst.

Wahrscheinlich bist du mit dieser verrückten Endlosschleife vertraut, in der du zwischen Anpassung (Depression) und Wut (Expression) hin und her pendelst. Während der Anpassung fühlst du dich innerlich schwach, und wenn du deiner Wut freien Lauf lässt, gewinnst du auf ungesunde Weise vorübergehend Stabilität und Sicherheit. Solange du in dieser Schleife gefangen bist, ist die Wut - ausgedrückt oder unterdrückt - absolut notwendig, um nicht gänzlich zu verfallen. Aber natürlich sind unkontrollierte Wutausbrüche oder mildere Formen wie häufiges Kritisieren, Beschuldigen, Beschweren oder Lästern auf Dauer immer kontraproduktiv. Der einzige Ausweg besteht darin, durch eine tiefe Verbindung zu dir selbst innere Sicherheit zu schaffen. Das gelingt dir, indem du die unsichtbaren Barrieren überwindest und in eine neue

Vision hineinlebst.

Selbstverantwortung spielt hierbei eine große Rolle. Das Gegenteil ist die Opferrolle, die Hand in Hand mit Selbstzweifeln geht. In der Opferrolle ruhst du nicht in deiner vollen Kraft, sondern machst deinen Erfolg und dein persönliches Glück von äußeren Umständen oder anderen Menschen abhängig. Viele weibliche Führungskräfte fühlen sich unbewusst als Opfer der männlich dominierten Führungsriegen. Natürlich wollen wir nicht bei dieser pauschalisierten Aussage stehen bleiben, sondern einen Blick hinter die Kulissen werfen, denn es gibt verschiedene Arten, wie die Opferrolle ausgelebt wird. Unabhängig davon, ob du versuchst, die Opferhaltung durch Rückzug oder Angriff zu kompensieren, gerätst du dadurch letztlich immer mehr aus deiner Mitte. Anstatt dein volles Potenzial zu entfalten, neigst du dazu, immer mehr zu kompensieren, da du immer stärker an dir selbst zweifelst.

Wenn du unter Selbstzweifeln leidest, ist es zunächst wichtig, ehrlich zu dir selbst zu sein. Frage dich, wo du dir selbst leidtust, inwieweit du dich als Opfer äußerer Umstände und Menschen fühlst, und in welchen Situationen du dir wünschst, dass dich jemand "rettet". Mache dir auch klar, wie du deine Selbstzweifel durch Schuldzuweisungen, Ausreden oder Rechtfertigungen, emotionale Distanz, Härte, Dominanz oder Kontrollverhalten in Schach hältst.

Die Opferhaltung führt oft dazu, dass Betroffene sich zurückhalten oder in den Angriff gehen. Obwohl diese beiden Verhaltensweisen auf den ersten Blick widersprüchlich erscheinen mögen, ist der gemeinsame rote Faden das tief verwurzelte Gefühl - und die entsprechenden Erfahrungen -, benachteiligt, unerwünscht oder ausgeliefert zu sein.

Radikale Selbstverantwortung

So weit verbreitet und oft subtil die Opferrolle eingenommen wird, gibst du dadurch deine Kraft an äußere Umstände und Menschen ab. Du kannst diese Dynamik unterbrechen, indem du dich für radikale Selbstverantwortung entscheidest. Radikale Selbstverantwortung bedeutet, dass du die volle Verantwortung für dein eigenes Leben, deine Handlungen, Gedanken, Gefühle und Ergebnisse übernimmst, ohne Ausreden oder Schuldzuweisungen an andere. Diese Haltung geht über die normale Akzeptanz von Verantwortung hinaus und fordert eine tiefgreifende, kompromisslose Bereitschaft, die Ursache bei sich selbst zu suchen. Sie lässt sich vergleichen mit dem Klettern auf die äußersten Äste. Die meisten Menschen sind nicht bereit dazu, aus Angst, dass sie herunterfallen könnten. Aus Unsicherheit klammern sie sich lieber an den Stamm und beschuldigen andere.

Es ist wichtig, daran zu erinnern, dass Verantwortung nicht mit Schuld gleichzusetzen ist. Verantwortung bedeutet vielmehr, dass du die Fähigkeit hast, in jeder Situation bewusst zu antworten, anstatt nur automatisch zu reagieren. Dadurch richtest du dich neu aus und gewinnst innere Stabilität.

Der Fokus ist entscheidend

Unsicherheit hat viel mit deinem Fokus, sprich deiner Ausrichtung, zu tun. Alles hat immer zwei Seiten: Es gibt kein Oben ohne Unten, kein Innen ohne Außen, kein Richtig ohne Falsch, kein Gut ohne Schlecht. Das wirft eine wichtige Frage auf: Worauf fokussierst du dich die meiste Zeit?

Fiona (Name geändert), eine erfolgreiche Coaching-Klientin, hatte einen großen Entwicklungssprung gemacht und war sehr bedacht darauf, ihren Fortschritt aufrechtzuerhalten. In ihrem Eifer übersah sie jedoch, dass sie die falsche Richtung eingeschlagen hatte. Anstatt sich auf den Fortschritt zu konzentrieren, war sie unbewusst bemüht, einen Rückschritt zu verhindern. Es handelt sich um einen blinden Fleck, der selbst erfahrene Führungskräfte unbemerkt in den Abgrund führen kann.

Fionas Absichten waren bemerkenswert, denn die meisten Menschen ruhen sich nach einem Durchbruch aus und sabotieren oft selbst ihre Entwicklung, indem sie nachlassen. Dies ist ein vollkommen unbewusster Schritt, der sich dadurch erklären lässt, dass sie die Veränderung ohne Anpassung ihres Selbstbildes vollzogen haben – du erinnerst dich sicherlich daran, dass wir es mit einem Sprint an einem Gummiseil verglichen haben. Fiona suchte Wege, um ein Zurückfallen zu vermeiden, wollte aber in Wirklichkeit sicherstellen, dass sie weiter vorankommt. Sie befand sich auf einem Pfad, der sie ins Tal führte, obwohl sie die

Bergspitze erreichen wollte.

Ihre Bemühungen waren dieselben, denn sie ruhte sich nicht aus, sondern war stets in Bewegung. Sie konnte nicht erkennen, dass sie sich auf dem falschen Pfad befand, indem sie ihren Fokus auf das richtete, was sie nicht wollte. Offensichtlich wäre sie irgendwann an ihr Ziel gekommen, aber sie hätte sich im Tal anstatt auf der Bergspitze wiedergefunden – sprich, sie hätte ihre Entwicklung durch die falsche Ausrichtung und entsprechende Schritte allmählich sabotiert.

Das hedonistische Prinzip ist ein grundlegendes Konzept, das sowohl in der Philosophie als auch in der Psychologie untersucht und angewendet wird. Es besagt, dass das Streben nach Freude und die Vermeidung von Schmerz die Hauptantriebe des menschlichen Verhaltens sind. Dieses Prinzip hat seine Wurzeln in der antiken Philosophie, insbesondere bei Epikur, der das Konzept des Hedonismus populär machte. Heute wird es auch durch moderne psychologische und neurowissenschaftliche Erkenntnisse unterstützt. Forschungen in der Neurowissenschaft haben gezeigt, dass das menschliche Gehirn auf Belohnungen (Freude) und Bestrafungen (Schmerz) stark reagiert.

Fiona wollte unbedingt verhindern, dass sie zurückfällt. Unbewusst gewichtete sie die schmerzliche Erfahrung eines Rückfalls mehr als die Freude, die sie mit dem Fortschritt in Verbindung brachte, was dazu führte, dass sie mehr dadurch angetrieben wurde, den Schmerz zu vermeiden, anstatt die Freude des Vorankommens zu gewinnen.

Die Sicherheit des Gewohnten wird oft mit Freude in Verbindung gebracht, während die Unsicherheit des Neuen häufig mit Schmerz assoziiert wird. Es ist jedoch wichtig zu erwähnen, dass das Gewohnte für jeden unterschiedlich ist. Für manche Menschen kann das Gewohnte etwas Ungesundes, Abenteuerlust oder die Freude am Neuen beinhalten, während Schmerz beispielsweise mit sportlicher Aktivität, festen Beziehungen und Routine verbunden sein kann. Tony Robbins, der das hedonistische Prinzip mit seinem „Pain-Pleasure-Konzept" weiter bekannt machte, erklärt, dass Schmerz in der Regel ein größerer Antrieb als Freude ist. Es ist also wichtig zu erkennen, worin du mehr Schmerz oder Freude empfindest, da tendenziell die Vermeidung schmerzlicher Dinge – die du mit mehr Verlust, Anstrengung oder negativen Konsequenzen in Verbindung bringst – dich stärker motivieren wird. Wenn du etwas nicht machst, das du eigentlich gerne tun würdest, verdeutlicht das, dass du unbewusst mehr Schmerz (Unsicherheit) damit verknüpfst, als Freude (Sicherheit).

Ebenso kannst du deinen Fokus auf Unkontrollierbares oder Kontrollierbares lenken. Die kontrollierbaren Parameter befinden sich nicht in der Außenwelt, sondern in deiner Innenwelt. Mit „Innenwelt" meine ich deine Gedanken und Gefühle. Sie bilden zusammen mit deinem Verhalten und deinen Handlungen die kontrollierbaren Parameter in deinem Leben. Kann dir irgendjemand vorschreiben, was du denkst oder wie du dich fühlst? Die Antwort lautet: Nein! Du kannst in jedem Augenblick beliebige Gedanken und Gefühle wählen, wodurch du einer Sache eine bestimmte Bedeutung gibst. Abhängig von deiner Bedeutung und deinem emotionalen Zustand handelst und verhältst du dich entsprechend, was zu deinen Ergebnissen im Leben führt.

Zweifelst du gerade an der Richtigkeit dieser Aussage, weil du nicht glauben kannst, dass es tatsächlich so ist? Sehr gut, denn das bringt uns zum Ursprung von Unsicherheit: Unsicherheit tritt dann auf, wenn du deinen Fokus zu stark auf negative Ereignisse in der Außenwelt richtest, wie Situationen, Menschen, Umstände, Erfahrungen, Ressourcen und Bedingungen. Was wäre besser? Richtig, dich auf die kontrollierbaren Parameter zu konzentrieren! Und das bringt uns zurück zur radikalen Selbstverantwortung, wodurch der Kreis sich schließt.

Unser Fokus ist kraftvoll, denn wir nehmen immer mehr von dem wahr, worauf wir unsere Aufmerksamkeit richten. Wirst du dich anders fühlen und verhalten, wenn du davon ausgehst, dass jemand gegen dich ist und dich loswerden möchte, statt dir wohlgesonnen zu sein und dich zu fördern? Mit Sicherheit! Darum konzentriere dich auf das, was du wirklich möchtest!

Wonach sehnst du dich wirklich?

Als weibliche Führungskraft hast du bereits mehrfach bewiesen, dass du etwas bewegen kannst und deine

Fähigkeiten herausragend sind. Doch was möchtest du wirklich erreichen? Wonach sehnst du dich wirklich? Vielleicht hast du dich auch schon gefragt, wie du mit schwierigen Situationen umgehen sollst, aus der Befürchtung heraus, dass eine falsche Entscheidung zu Konflikten führen könnte – etwas, das du unbedingt vermeiden möchtest. Oder du machst dir oft Sorgen, weil du von anderen angegriffen oder ständig hinterfragt wirst. Vielleicht belasten dich Situationen, die Wut, Unsicherheit oder sogar Ängste in dir auslösen. Oder du neigst dazu, deine eigenen Fähigkeiten zu unterschätzen, deine Erfolge herunterzuspielen und zögerst, weil du nicht als zu ehrgeizig angesehen werden möchtest.

Wenn es dir wie vielen ambitionierten Frauen in Führungspositionen geht, hast du möglicherweise eine enorme Angst davor, für deine höheren Ziele, die weit über deine Rolle als Führungskraft hinausgehen, beurteilt zu werden. Die Angst vor Misserfolg oder überwältigendem Erfolg könnte dazu führen, dass du deine Ziele aufschiebst und dich noch weiter von deinen Sehnsüchten und Visionen distanzierst. Entweder hältst du dich zurück und versteckst dich, oder du flüchtest dich in endlose Beschäftigung, um dir ein Gefühl von Fortschritt vorzugaukeln. Was wäre für dich möglich, wenn du deine Großartigkeit auf eine Art und Weise zum Ausdruck bringst, die dich und andere zutiefst inspiriert, anstatt dich auszubrennen oder auszubremsen?

Denke einen Augenblick an all die Dinge in deinem Leben, die einst Ziele waren und die du erfolgreich verwirklicht hast. Was schien dir früher als unwahrscheinlich oder sogar unmöglich, und heute betrachtest du es beinahe als selbstverständlich? Was wolltest du einst sein, tun oder besitzen, das heute ein Teil deines Lebens ist? Welchen Traum von damals hast du in deinem gegenwärtigen Leben zur Wirklichkeit gemacht? So wie du diese Dinge möglich gemacht hast, kannst du auch tiefes Selbstvertrauen gewinnen und lernen, mit Herausforderungen gelassen umzugehen und überzeugend zu sein, ohne dich zu verbiegen.

Vielleicht fragst du dich, wie du dies erreichen sollst, oder dir fehlt sogar der Glaube, dass du dich verändern kannst. Wenn du es satt hast, dich damit abzufinden, kann ich dich beruhigen, denn die einzige Voraussetzung ist, dass du dich verändern und entwickeln möchtest! Lass uns gerne sprechen und schauen, ob und wie ich dich dabei unterstützen kann.

Bewirb dich für eine „Gewinne Klarheit"-Coaching-Sitzung unter https://lukastobler.com/coaching.

Deine Notizen, Erkenntnisse, Frage:

Das könnte dich auch interessieren:

Gratis E-Book, Hörbuch & Masterclass

Sichere dir jetzt auf lukastobler.com kostenfrei das E-Book und Hörbuch „Überzeuge als weibliche Führungskraft“ und erhalte außerdem Zugang zur „Leadership Masterclass.“

Onlinekurse:

Wenn du das Erreichen deiner Ziele nicht dem Zufall überlassen möchtest und bereit bist konkrete Schritte zu unternehmen, dann werden dich diese Onlinekurse beflügeln. Aber glaube nicht mir, sondern überzeuge dich selbst, wenn du dich jetzt informierst:

https://lukastobler.com/kurse

„Überwinde deine Grenzen“ Coaching:

https://lukastobler.com/coaching

Buche mich als Trainer für dein Team oder Unternehmen:

https://lukastobler.com/kontakt

Social Media:

https://instagram.com/lukastobler/
https://facebook.com/ToblerLukas/

Lukas Tobler ist ein ehemaliger Schweizer Spitzensportler, Autor, Keynote Speaker, Bewusstseinscoach und Mentaltrainer. Durch sein Wirken ermöglicht er insbesondere, aber nicht ausschließlich weiblichen Führungskräften, tiefes Vertrauen in sich selbst zu gewinnen, mit Herausforderungen gelassen umzugehen und überzeugend zu sein, ohne sich zu verbiegen. Bis heute hat er weltweit mehr als 10.000 Menschen zu einem erweiterten Bewusstsein und größerem Selbstvertrauen verholfen, was wiederum zu mehr Erfolg und Erfüllung im Leben führt.

Lukas glaubt, dass es mehr weibliche Führungskräfte braucht. Seine Vision ist es, dass alle Frauen in Führungspositionen ihren Platz finden, indem sie tiefes

Vertrauen in sich selbst gewinnen, die Fähigkeit entwickeln, gelassen mit Herausforderungen und negativen Emotionen umzugehen, und nicht länger um ihr Ansehen kämpfen müssen. Stattdessen sollen sie überzeugend sein, ohne sich zu verbiegen, und dabei ihre persönlichen Werte bewahren.

Lukas
TOBLER

https://lukastobler.com

Fordere jetzt ein kostenloses Beratungsgespräch an unter https://lukastobler.com/coaching.

Danksagung

In erster Linie fühle ich tiefe Dankbarkeit und Inspiration für die göttliche Schöpferkraft, ohne die der Inhalt niemals durch mich zu meinen Leserinnen gefunden hätte. Ein ganz besonderer Dank geht an meine Familie, Christiane, Irena, Karina, Djurat, Lorik und all meine Leserinnen, Klientinnen und alle, die meine Arbeit und Vision unterstützen. Ohne euch wäre all dies nicht möglich. Ich danke euch von ganzem Herzen. Die Liste könnte beliebig fortgeführt werden und sollte ich irgendjemanden vergessen haben, du weißt, dass ich dich schätze.

Quellenverzeichnis

(1) Sheryl Sandberg - “Lean In: Women, Work, and the Will to Lead”, WH Allen; 1st edition (6. Aug. 2015)

(2) https://neurosciencenews.com/emotion-reason-decision-making-25803/

(3) U.S. Andersen - (1954, 1982) - “Three Magic Words”, Wilshire Book Company

(4) Joel Arthur Barker - “Paradigms - The Business of Discovering the Future”, HarperBusiness; Reprint edition (21 Mar. 2019) S. 56

(5) https://de.statista.com/statistik/daten/studie/180102/umfrage/frauenanteil-in-den-vorstaenden-der-200-groessten-deutschen-unternehmen/

(6) https://de.statista.com/statistik/daten/studie/180107/umfrage/frauenanteil-in-den-aufsichtsraeten-der-200-groessten-deutschen-unternehmen/

(7) https://de.statista.com/statistik/daten/studie/1182864/umfrage/geschlechterverteilung-in-fuehrungspositionen-in-der-schweiz/